XIANDAI DIANTI JISHU XILIE GUIHUA JIAOCAI

现代电梯技术系列规划教材

高等院校、电梯企业及特种设备安全监督检验研究院等单位合作编写

电梯故障诊断与维修

（第二版）

主编 魏山虎

苏州大学出版社

图书在版编目(CIP)数据

电梯故障诊断与维修/魏山虎主编. —2版. —苏州：苏州大学出版社, 2019.11(2025.7重印)
现代电梯技术系列规划教材
ISBN 978-7-5672-3042-2

Ⅰ.①电… Ⅱ.①魏… Ⅲ.①电梯－故障诊断－高等学校－教材 ②电梯－维修－高等学校－教材 Ⅳ.①TU857

中国版本图书馆 CIP 数据核字(2019)第 268796 号

内 容 简 介

本书以电梯故障诊断与维修为主要内容，介绍了电梯工作中存在的各种故障现象及解决方法。通过对电梯基本结构及功能相关内容的介绍，使读者对电梯有一定的认识，能更好地理解本书的主要内容。另外，本书介绍了电梯相关法律、法规、标准规范，让读者了解电梯行业遵从的各种要求，从而拓展行业知识。最后，本书还介绍了电梯故障维修常用工具、电梯故障诊断与分析实例，使本书内容更加丰富。本书既可作为大专院校电梯专业教材，又可供电梯从业人员培训使用。

电梯故障诊断与维修(第二版)

魏山虎　主编

责任编辑　马德芳

苏州大学出版社出版发行
(地址：苏州市十梓街1号　邮编：215006)
广东虎彩云印刷有限公司印装
(地址：东莞市虎门镇黄村社区厚虎路20号C幢一楼　邮编：523898)

开本 787 mm×1 092 mm　1/16　印张 15　字数 310 千
2019 年 11 月第 2 版　2025 年 7 月第 5 次印刷
ISBN 978-7-5672-3042-2　定价：45.00 元

图书若有印装错误，本社负责调换
苏州大学出版社营销部　电话：0512-67481020
苏州大学出版社网址　http://www.sudapress.com
苏州大学出版社邮箱　sdcbs@suda.edu.cn

前　言

随着我国经济建设的快速发展，人们生活水平不断提高，供人们居住、办公、购物休闲的高层建筑迅猛发展。作为建筑物内的运输设备，电梯及自动扶梯已经成为人们生活中必不可少的交通工具。

由于电梯及自动扶梯是大型综合机电设备，其在运行过程中难免会出现故障，影响人们的工作和生活，甚至人身安全；加之电梯数量与日俱增，电梯故障诊断与维修已经对维保人员构成了严峻的挑战。加大对电梯维保人员的知识技能培训已是行业的当务之急。

为了帮助电梯维保人员提高电梯故障诊断及维修的技能，我们参考了许多资料、手册，咨询了许多业内的专家及工作在一线有经验的维保人员，经过长期筛选、整理，编写了本书。本书既可作为大专院校电梯专业教材，又可供电梯从业人员培训使用。

本书共分为九章，分别为：概述、电梯和扶梯的基本结构与功能、电梯和扶梯故障诊断与维修常用工具介绍、电梯机械故障的诊断与维修、电梯电气故障的诊断与维修、自动扶梯机械故障的诊断与维修、自动扶梯和自动人行道电气故障的诊断与维修、基于互联网的电梯远程故障诊断系统、故障案例诊断与分析。每章后面都附有思考题，供各位读者参考。

本书在编写过程中，得到了江南嘉捷电梯股份有限公司、常熟理工学院、苏州特检院等企事业单位的大力支持及帮助。在此向对本书编写提供帮助的各位领导、专家表示诚挚的感谢。

由于作者水平有限，加之编书时间仓促，书中难免有错误或欠妥之处，敬请广大读者批评指正。

作　者

目录 Contents

第1章 概述
　1.1　电梯维修保养的重要性 …………………………………………（1）
　1.2　相关法律法规、标准及规范节选 ………………………………（5）
　　思考题 ………………………………………………………………（16）

第2章 电梯和扶梯的基本结构与功能
　2.1　电梯的基本结构和功能 …………………………………………（17）
　2.2　扶梯的基本结构和功能 …………………………………………（45）
　　思考题 ………………………………………………………………（56）

第3章 电梯和扶梯故障诊断与维修常用工具介绍
　3.1　电气测量仪器仪表 ………………………………………………（57）
　3.2　电梯常用量具 ……………………………………………………（71）
　3.3　电梯安装与维修常用工具 ………………………………………（75）
　　思考题 ………………………………………………………………（76）

第4章 电梯机械故障的诊断与维修
　4.1　机械故障排除的思路和方法 ……………………………………（77）
　4.2　各系统常见故障的分析与排除 …………………………………（78）
　　思考题 ………………………………………………………………（105）

第5章　电梯电气故障的诊断与维修

  5.1　电梯电气故障形成的原因 …………………………………………（106）
  5.2　电梯电气故障的诊断与维修 …………………………………………（115）
  5.3　电梯控制系统故障诊断与预防建议 …………………………………（174）
  思考题 …………………………………………………………………………（175）

第6章　自动扶梯机械故障的诊断与维修

  6.1　自动扶梯机械故障排除的思路和方法 ………………………………（176）
  6.2　各系统常见故障的分析与排除 ………………………………………（176）
  思考题 …………………………………………………………………………（182）

第7章　自动扶梯、自动人行道电气故障的诊断与维修

  7.1　自动扶梯、自动人行道电气故障形成原因 …………………………（183）
  7.2　自动扶梯、自动人行道电气故障的诊断与维修 ……………………（189）
  7.3　自动扶梯、自动人行道控制系统故障诊断与预防建议 ……………（204）
  思考题 …………………………………………………………………………（205）

第8章　基于互联网的电梯远程故障诊断系统

  8.1　电梯监控系统 …………………………………………………………（207）
  8.2　电梯远程监控系统 ……………………………………………………（210）
  思考题 …………………………………………………………………………（220）

第9章　故障案例诊断与分析

  9.1　一起电梯剪切挤压事故的分析 ………………………………………（221）
  9.2　一起电梯溜车事故的案例分析 ………………………………………（225）
  9.3　由一例超重装修轿厢案例引发的思考 ………………………………（229）
  思考题 …………………………………………………………………………（231）

第1章 概述

电梯是指用电力拖动轿厢,并运行于垂直的或垂直方向倾斜角度不大于15°的两侧刚性导轨之间,用来运送乘客和(或)货物的固定设备。简单地说,电梯是垂直运行的轿厢、倾斜方向运行的自动扶梯、倾斜或水平方向运行的自动人行道的总称。作为建筑物内的主要运输工具,电梯起着不可或缺的作用。随着人们对电梯的需求日益增长及各种类型、规格的电梯的广泛使用,对电梯的故障诊断和维修保养的工作也变得愈发迫切。

电梯投入正常运行后,必须定期维修保养。这不仅是保证降低电梯故障率、延长设备使用寿命的需要,同时也是保证电梯的设备安全、乘用人员人身安全、将事故消灭于萌芽状态的需要。定期维修保养应突出重点,如机房内的曳引机、控制柜,井道内的层门锁闭装置、开关门机构及轿厢门。而重中之重则是电梯运行中的安全系统。这些重点装置的维修保养周期愈短,其故障率和事故率就愈低。因此,各单位必须建立一支自己的维修保养队伍或委托有安全资格许可的单位长期进行维修保养。另外,电梯的正常运行,除经常性维修保养外,还与机房内的环境条件有密切关系。若机房环境温度能保持在5 ℃～40 ℃、通风良好,基本上无油污、无灰尘、无潮气、电压电源波动较小等良好条件,则电梯发生故障的概率就小得多。

因此,电梯的维修保养在电梯使用期间变得尤为重要。

1.1 电梯维修保养的重要性

1.1.1 电梯维修保养的地位、重要性

1. 维修保养是电梯生命链中的重要环节

电梯作为一种产品,也像其他产品一样,具有设计、制造、使用、报废四个阶段,与之相对应的有研制、生产、安装、维保四个环节。而在电梯生命链上的四个环节中,研制、生

产直接决定电梯产品的质量,对电梯的使用寿命有着重要的影响。对一部电梯而言,研制、生产、安装只需要一次投入,而维修保养却是研制、生产、安装三个环节的延伸,并且是电梯投入使用后需要反复进行的工作。

2. 维修保养可以延长电梯的使用寿命

电梯投入使用后,使用环境对电梯的使用寿命有着直接的重要影响。例如,有的电梯一天 24 h 运行上千次,而有的电梯一天只运行几十次,其磨损程度是不一样的。有的电梯运行在尘土飞扬的环境中,其磨损更快、故障发生更频繁。有的电梯运行环境湿度大、温度高,并经常是满载运行,其电气设备老化得快。维修及时、保养到位可以减少不良环境对电梯质量及使用寿命的影响。据统计,同品牌同型号的电梯,若保养合理,可以使用 20~25 年,甚至更长;若保养不合理,最多使用 10~15 年就要报废。由此可见,维修保养对电梯的质量和使用寿命是多么重要。

3. 维修保养可以确保电梯安全运行

电梯是涉及人的生命安全的特种设备,除了研制、生产、安装环节能影响其安全外,维修保养不当也会带来可怕的影响。例如,有一个单位一台电梯在门锁回路发生问题需要购买部件进行维修时,领导不愿花钱,但又要求电梯运行。电梯司机便将门锁回路短接,领导非常欣赏该员工的水平,结果没过多久,一位保安晚上巡逻三楼时看见厅门开着误以为该电梯在此层,便一脚踏进去,坠落井道,幸亏底坑有 1 m 深的积水,该保安幸免罹难。事后该领导知道此事,非常后悔,立即责成维保人员购买相应的部件更换,消除了这个隐患。像这样不及时、不合理地进行维修保养,使电梯"带病"运行,造成设备损坏,甚至人员伤亡的事故屡有发生。电梯失保失修,"带病"运行,是电梯发生人身伤亡事故的五大原因之一。对电梯进行及时维修、合理保养,不仅可以延长电梯的使用寿命,而且可以确保电梯安全运行。

4. 维修保养可以产生较大的社会效应

对电梯进行及时、合理的维修保养,不仅可以确保电梯安全运行,减少或免去因电梯事故而造成任何损失,还可以节约大量费用。如一台造价 60 万元的电梯,由于保养合理,其使用寿命长达 20~25 年,甚至更长;若保养不当,使用寿命最多 10~15 年。以 10 年为例,则 25 年内就需要更换两台电梯,仅设备费就投入了 180 万元。如果此台电梯合理维修保养,使用 25 年,则节省设备费 120 万元,扣除平常的维修保养费用,可节约 90 万元左右。更为重要的是,若电梯保养合理,故障率低,乘客满意,业主就不会因电梯长时间停机而造成损失,反而大楼出租率就会高,能增加经济效益。若维修及时,保养得当,使电梯故障率降低,乘坐舒适,使用寿命长,其知名度和影响力就会大大提升。可见,维修保养工作不仅影响到电梯的品牌,影响到电梯的销售市场,而且也影响到电梯业主的经济效益。所以现在有许多电梯业主在选择维修保养队伍时十分慎重,不但要看收费,更多的是看保养的合理性、及时性。对进行电梯维修保养的专业公司来讲,提高电梯维修保养质量就是提高公司的竞争力和生命力。

1.1.2 电梯维修保养的基本要求

对使用单位来讲,要想维修保养好电梯,必须做到五个坚持:

1. 坚持经常性巡视检查制度

经常性巡视检查制度一般应由电梯司机和电梯使用单位专/兼职管理人员,每天或每两天以看、听、嗅、摸为手段,对运行中电梯的主要部位进行一次巡视检查,发现异常及时处理。巡视内容如下:

① 电梯的运行声音是否正常,有无震动、异味。

② 减速器温升、油温、油色、声音是否正常,有无震动。

③ 指示仪表(电压表、电流表等)指示是否正确,各继电器、接触器动作是否正常,有无异味及异常声响。

④ 变压器、电阻器、电抗器温度是否正常,有无过热现象或过热痕迹。

⑤ 制动器动作是否正常,制动线圈是否过热,制动轮上是否有油污。

⑥ 曳引轮、曳引绳、限速器、机械选层器、测速机、编码器等运行是否正常,有无异常响动。

⑦ 机房内温度是否超过规定,通风是否良好,机房内不得堆放易燃物和腐蚀性物品。

⑧ 机房内消防器材是否完好齐备。

⑨ 通信设备应灵敏畅通,照明应良好。

负责巡视检查人员,要将巡逻情况填入电梯维修工作日志内,或记入司机交接班记录本内,重大问题应及时上报主管部门领导,要求立即解决。

2. 坚持定期维修保养制度

根据电梯各部位的工作特点和保养要求,按周、月、季度或半年、年度方式,进行有针对性的清洁、润滑、调整和必要的禁锢、修理,使电梯保持良好的工作状态。

电梯定期维修保养工作,应由取得作业资格证书的电梯维修保养人员负责进行。进入工作现场必须有两个以上维修保养人员。

对电梯做定期维修保养工作,根据不同的检查日期、范围和内容,一般可分为例行(每双周)和月、季、半年、年度等定期维修保养。

① 例行(每双周)维修保养:电梯保养人员每 15 天对电梯的主要机构和部件进行一次检查、维修保养,进行全面的清洁除尘、润滑调整工作。每台工作量应视电梯而定,一般不少于 2 h。

② 每月维修保养:电梯保养人员每月应在双周保养的基础上对电梯的主要机构和部

件进行一次检查、清洁、润滑、调整,着重对各安全装置的效能进行检修调试以确保电梯安全运行。

③ 季度维修保养:电梯保养人员每隔 90 天左右,对电梯的各重要机械部件和电气装置进行一次细微的调整和检查,其工作量视电梯而定,一般每台所用时间不少于 4 h。

④ 半年维修保养:电梯保养人员在月、季维修保养的基础上,对电梯易出现故障和损坏的部件进行较为全面的维修。

⑤ 年度定期检验:电梯每运行一年后,应由电梯保养专业单位技术主管人员负责,组织安排维修保养人员,对电梯的机械各部件和电气设备以及各辅助设施进行一次全面综合性的检查、维修和调整,并按奇数检验标准进行一次全面的安全性能测试,以弥补电梯用户技术检测手段的不足。通过检验,特别是对易损件的仔细检验,及时对存在的问题进行判断,电梯是否需要更换主要部件,是否要进行大、中修或专项修理或需停机进一步检查。年度检验合格后,方可办理安全检查合格证,电梯才可继续运行和使用。

3. 坚持计划性检修制度

根据电梯的日常保养状况和使用频繁程度,确定电梯大、中修的项目和时间。

中修和大修时对电梯的各部位进行分解、清洗、检修、调整,更换老化失效、磨损严重、性能下降和不适用的部件,调整各点参数,使电梯恢复或达到国家规定和厂家设计的技术指标。大修周期一般为 5 年,视电梯性能情况可适当提前或延长。生产厂家有规定的按厂家规定。中修周期一般为 3 年,修理内容结合电梯状态选取大修项目中需提前安排的项目。

专项修理是指需提前安排修理的大修项目中的单项或少量几项,其技术标准与大修相同。

4. 坚持电梯维修保养工作考核制度

为了考核电梯日常维修保养的及时性、准确性、安全运行可靠性,电梯的卫生状态,以及执行电梯各种规章制度的情况,一般要求每月对每部电梯进行全面的检查、评比,奖优罚劣,促进电梯维修保养的工作和管理水平,确保电梯设备安全运行。

电梯维修保养工作考核的主要内容和方法应采用对每部电梯以百分制评定,根据电梯各部分在电梯上所承担的责任不同而确定所占的分数,比如:安全装置所占分数高,而且凡发现有一项安全装置动作失灵,即判为不合格电梯,除及时修理外,还要严加惩罚。

5. 坚持规范化的使用管理制度

电梯管理员每日应对电梯进行例行检查,若发现有运行不正常或损坏,应立即停梯检查,并通知维修保养单位。电梯管理员应加强对电梯钥匙(包括机房钥匙、轿内操纵箱钥匙、厅门开锁三角钥匙等)的管理,禁止任何无关人员取得并使用。运行中电梯突然出现故障,电梯管理员应以最快的速度救援乘客,及时通知维修保养单位。因维修保养而影响电梯正常使用时,应至少在层站(必要时每层)的明显位置悬挂告示牌及设防护栏。

电梯安全检验合格证有效期满前30天,应及时提供相关资料,会同电梯维修保养单位申报年度检验。未经许可,不得擅自使用客梯运载货物,禁止超长、超宽、超重、易燃易爆物品进入电梯。禁止在电梯内吸烟、乱涂、乱画等,并做好电梯的日常清洁工作。

1.2 相关法律法规、标准及规范节选

1.2.1 法律

这里所说的法律是指狭义的法律,是指全国人大及其常务委员会制定的规范性文件,在全国范围内施行,其地位和效力仅次于宪法。

与电梯工程相关的法律有《中华人民共和国安全生产法》(简称《安全生产法》)《中华人民共和国劳动法》(简称《劳动法》)《消防法》《环境保护法》等。其中,电梯工程与《安全生产法》《劳动法》的关系最为密切。

1.《中华人民共和国安全生产法》的有关规定

《安全生产法》于2002年6月29日由第九届全国人民代表大会常务委员会第28次会议通过,2002年6月29日中华人民共和国主席令第70号公布,自2005年11月1日起施行。

《安全生产法》不仅明确了从业人员为保证安全生产所应尽的义务,也明确了从业人员进行安全生产所享有的权利,还明确了对违法个人的法律责任追究制度。相关条款如下:

第四十四条 生产经营单位与从业人员订立的劳动合同,应当载明有关保障从业人员劳动安全、防止职业危害的事项,以及依法为从业人员办理工伤社会保险的事项。

生产经营单位不得以任何形式与从业人员订立协议,免除或者减轻其对从业人员因生产安全事故伤亡依法应承担的责任。

第四十五条 生产经营单位的从业人员有权了解其作业场所和工作岗位存在的危险因素、防范措施及事故应急措施,有权对本单位的安全生产工作提出建议。

第四十六条 从业人员有权对本单位安全生产工作中存在的问题提出批评、检举、控告,有权拒绝违章指挥和强令冒险作业。

生产经营单位不得因从业人员对本单位安全生产工作提出批评、检举、控告或者拒绝违章指挥、强令冒险作业而降低其工资、福利等待遇或者解除与其订立的劳动合同。

第四十七条 从业人员发现直接危及人身安全的紧急情况时,有权停止作业或者在采取可能的应急措施后撤离作业场所。

生产经营单位不得因从业人员在前款紧急情况下停止作业或者采取紧急撤离措施而降低其工资、福利等待遇或者解除与其订立的劳动合同。

第四十八条 因生产安全事故受到损害的从业人员，除依法享有工伤社会保险外，依照有关民事法律尚有获得赔偿的权利的，有权向本单位提出赔偿要求。

第四十九条 从业人员在作业过程中，应当严格遵守本单位的安全生产规章制度和操作规程，服从管理，正确佩戴和使用劳动防护用品。

第五十条 从业人员应当接受安全生产教育和培训，掌握本职工作所需的安全生产知识，提高安全生产技能，增强事故预防和应急处理能力。

第五十一条 从业人员发现事故隐患或者其他不安全因素，应当立即向现场安全生产管理人员或者本单位负责人报告；接到报告的人员应当及时予以处理。

第九十条 生产经营单位的从业人员不服从管理，违反安全生产规章制度或者操作规程的，由生产经营单位给予批评教育，依照有关规章制度给予处分；造成重大事故，构成犯罪的，依照刑法有关规定追究刑事责任。

2.《中华人民共和国劳动法》的有关规定

《劳动法》于1994年7月5日由中华人民共和国第八届全国人民代表大会常务委员会第8次会议通过，1994年7月5日中华人民共和国主席令第28号公布，自1995年1月1日起施行。

《劳动法》中对劳动者的工作时间、休息休假、劳动安全卫生、社会保险和福利以及女职工和未成年工特殊保护、劳动争议、法律责任等作出明确规定，其中与电梯物业管理及电梯安全管理员密切相关的规定有如下条款：

第五十四条 用人单位必须为劳动者提供符合国家规定的劳动安全卫生条件和必要的劳动防护用品，对从事有职业危害作业的劳动者应当定期进行健康检查。

第五十五条 从事特种作业的劳动者必须经过专门培训并取得特种作业资格。

第五十六条 劳动者在劳动过程中必须严格遵守安全操作规程。劳动者对用人单位管理人员违章指挥、强令冒险作业，有权拒绝执行；对危害生命安全和身体健康的行为，有权提出批评、检举和控告。

1.2.2 法规

这里所说的法规，是指行政法规，主要是由国务院制定的规范性文件，颁布后在全国范围内施行。行政法规，还有省、自治区人大或其常务委员会根据国家法律、法规，结合本地方情况制定的地方性法规。这些法规一般称为"条例""规定""办法""规则""规程"等。

与电梯工程及作业人员相关的法规有《安全生产许可证条例》《特种设备注册登记与

使用管理规则》《机电类特种设备安装改造维修许可规则(试行)》,以及各种电梯监督检验规程等。与电梯安装维修人员密切相关的法规节选如下:

1. 《安全生产许可证条例》的有关规定

《安全生产许可证条例》(简称《条例》)于2004年1月7日经国务院第34次常务会议通过,自2004年1月13日起施行。该条例的颁布施行标志着我国依法建立起了安全生产许可制度。《条例》共有24条,其中"第六条　企业取得安全生产许可证,应当具备下列安全生产条件"(共13条)中的(五)、(六)、(七)、(九)和第七条与从业人员或特种作业人员有关,具体如下:

(五)特种作业人员经有关业务主管部门考核合格,取得特种作业操作资格证书。

(六)从业人员经安全生产教育和培训合格。

(七)依法参加工伤保险,为从业人员缴纳保险费。

(九)有职业危害防治措施,并为从业人员配备符合国家标准或者行业标准的劳动防护用品。

第七条　企业进行生产前,应当依照本条例的规定向安全生产许可证颁发管理机关申请领取安全生产许可证,并提供本条例第六条规定的相关文件、资料。

2. 《特种设备安全监察条例》的有关规定

新修改的《特种设备安全监察条例》于2009年1月14日经国务院第46次常务会议通过,自2009年5月1日起施行。该条例共有8章103条,其中与电梯安装维保工作有关的条款摘要如下:

第三十八条　锅炉、压力容器、电梯、起重机械、客运索道、大型游乐设施、场(厂)内专用机动车辆的作业人员及其相关管理人员(以下统称特种设备作业人员),应当按照国家有关规定经特种设备安全监督管理部门考核合格,取得国家统一格式的特种作业人员证书,方可从事相应的作业或者管理工作。

第三十九条　特种设备使用单位应当对特种设备作业人员进行特种设备安全、节能教育和培训,保证特种设备作业人员具备必要的特种设备安全、节能知识。

特种设备作业人员在作业中应当严格执行特种设备的操作规程和有关的安全规章制度。

第四十条　特种设备作业人员在作业过程中发现事故隐患或者其他不安全因素,应当立即向现场安全管理人员和单位有关负责人报告。

第七十七条　未经许可,擅自从事锅炉、压力容器、电梯、起重机械、客运索道、大型游乐设施、场(厂)内专用机动车辆的维修或者日常维护保养的,由特种设备安全监督管理部门予以取缔,处1万元以上5万元以下罚款;有违法所得的,没收违法所得;触犯刑律的,对负有责任的主管人员和其他直接责任人员依照刑法关于非法经营罪、重大责任事故或者其他罪的规定,依法追究刑事责任。

第八十六条　特种设备使用单位有下列情形之一的,由特种设备安全监督管理部门责令限期改正;逾期未改正的,责令停止使用或者停产停业整顿,处 2 000 元以上 2 万元以下罚款:

(一) 未依照本条例规定设置特种设备安全管理机构或者配备专职、兼职的安全管理人员的;

(二) 从事特种设备作业的人员,未取得相应特种作业人员证书,上岗作业的;

(三) 未对特种设备作业人员进行特种设备安全教育和培训的。

第九十条　特种设备作业人员违反特种设备的操作规程和有关的安全规章制度操作,或者在作业过程中发现事故隐患或者其他不安全因素,未立即向现场安全管理人员和单位有关负责人报告的,由特种设备使用单位给予批评教育、处分;情节严重的,撤销特种设备作业人员资格;触犯刑律的,依照刑法关于重大责任事故罪或者其他罪的规定,依法追究刑事责任。

3.《特种设备作业人员监督管理办法》的有关规定

《特种设备作业人员监督管理办法》经 2004 年 12 月 24 日国家质量监督检验检疫总局局务会议审议通过后予以颁布,自 2005 年 7 月 1 日起施行。《特种设备作业人员监督管理办法》共有 5 章 41 条,其中大多数是对作业人员提出的要求。

第二条　锅炉、压力容器(含气瓶)、压力管道、电梯、起重机械、客运索道、大型游乐设施、场(厂)内机动车辆等特种设备的作业人员及其相关管理人员统称特种设备作业人员。特种设备作业人员作业种类与项目目录见本办法附件。

从事特种设备作业的人员应当按照本办法的规定,经考核合格取得《特种设备作业人员证》,方可从事相应的作业或者管理工作。

第四条　申请《特种设备作业人员证》的人员,应当首先向发证部门制定的特种设备作业人员考试机构(以下简称考试机构)报名参加考试;经考试合格,凭考试结果和相关材料向发证部门申请审核、发证。

第五条　特种设备生产、使用单位(以下统称用人单位)应当聘(雇)用取得《特种设备作业人员证》的人员从事相关管理和作业工作,并对作业人员进行严格管理。

第十条　申请《特种设备作业人员证》的人员应当符合下列条件:

(一) 年龄在 18 周岁以上;

(二) 身体健康并满足申请从事的作业种类对身体的特殊要求;

(三) 有与申请作业种类相适应的文化程度;

(四) 有与申请作业种类相适应的工作经历;

(五) 具有相应的安全技术知识与技能;

（六）符合安全技术规范规定的其他要求。

作业人员的具体条件应当按照相关安全技术规范的规定执行。

第十一条　用人单位应当加强作业人员安全教育和培训，保证特种设备作业人员具备必要的特种设备安全作业知识、作业技能并及时进行知识更新。没有培训能力的，可以委托发证部门组织进行培训。

作业人员培训的内容按照国家质检总局制定的相关作业人员培训考核大纲等安全技术规范执行。

第十九条　持有《特种设备作业人员证》的人员，必须经用人单位的法定代表人（负责人）或者其授权人雇（聘）用后，方可在许可的项目范围内作业。

第二十一条　特种设备作业人员应当遵守以下规定：

（一）作业时随身携带证件，并自觉接受用人单位的安全管理和质量技术监督部门的监督检查；

（二）积极参加特种设备安全教育和安全技术培训；

（三）严格执行特种设备操作规程和有关安全规章制度；

（四）拒绝违章指挥；

（五）发现事故隐患或者不安全因素应当立即向现场管理人员和单位有关负责人报告；

（六）其他有关规定。

第二十二条　《特种设备作业人员证》每两年复审一次。持证人员应当在复审期满3个月前，向发证部门提出复审申请。复审合格的，由发证部门在证书正本上签章。对在两年内无违规、违法等不良记录，并按时参加安全培训的，应当按照有关安全技术规范的规定延长复审期限。

复审不合格的应当重新参加考试。逾期未申请复审或考试不合格的，其《特种设备作业人员证》予以注销。

跨地区从业的特种设备作业人员，可以向从业所在地的发证部门申请复审。

第二十三条　《特种设备作业人员证》遗失或者损毁的，持证人应当及时报告发证部门，并在当地媒体予以公告。查证属实的，由发证部门补办证书。

第三十条　有下列情形之一的，应当吊销《特种设备作业人员证》。

（一）持证作业人员以考试作弊或者以其他欺骗方式取得《特种设备作业人员证》的；

（二）持证作业人员违章操作或者管理造成特种设备事故的；

（三）持证作业人员发现事故隐患或者其他不安全因素未立即报告造成特种设备事故的；

（四）持证作业人员逾期不申请复审或者复审不合格且不参加考试的；

（五）考试机构或者发证部门工作人员滥用职权、玩忽职守、违反法定程序或者超越发证范围考核发证的。

违反前款第（一）、（二）、（三）、（四）项规定的，持证人三年内不得再次申请《特种设备作业人员证》；违反前款第（二）、（三）项规定，造成特大事故的，终身不得申请《特种设备作业人员证》。

第三十二条　非法印制、伪造、涂改、倒卖、出租、出借《特种设备作业人员证》，或者使用非法印制、伪造、涂改、倒卖、出租、出借《特种设备作业人员证》的，处1 000元以下罚款；构成犯罪的，依法追究刑事责任。

第三十六条　作业人员未取得《特种设备作业人员证》上岗作业，或者用人单位未对特种设备作业人员进行安全教育和培训的，按照《特种设备安全监察条例》第八十六条的规定对用人单位予以处罚。

4.《特种设备作业人员考核规则》的有关规定

《特种设备作业人员考核规则》于2005年9月16日经国家质量监督检验检疫总局颁布并开始施行。《特种设备作业人员考核规则》共有4章27条。其中绝大多数条款都是对特种设备作业人员提出的要求。

第四条　特种设备作业人员的考试包括理论知识考试和实际操作考试两个科目，均实行百分制，60分合格。具体考试方式、内容、要求、作业级别、项目及范围，特种设备作业人员的具体自查报告要求，按照国家质检总局制定的相关作业人员考核大纲执行。

第九条　特种设备作业人员考试程序包括考试报名、申请材料审查、考试、考试成绩评定与通知。

第十条　报名参加特种设备作业人员考试的人员，应当向考试机构提交下列材料：

（一）《特种设备作业人员考试申请表》（1份）；

（二）身份证（复印件，1份）；

（三）1寸正面免冠照片（2张）；

（四）毕业证书（复印件）或者学历证明（1份）。

《特种设备作业人员考试申请表》由用人单位签署意见，明确申请人身体状况能够适应所申请考核作业项目的需要，经过安全教育和培训，有3个月以上申请项目的实习经历。

第十五条　考试成绩有效期为1年。单项考试科目不合格者，1年内允许申请补考1次。两项均不合格或者补考仍不合格者，应当重新申请考试。

第十七条　考试合格的人员，由考试机构向发证部门统一申请办理《特种设备作业人员证》，也可以由个人凭考试结果通知单和本规则第十条所列材料向发证部门申请办理。

参加国家质检总局确定的考试机构统一考试的,由考试机构或者考试合格人员向设备所在地的省级发证部门申请审核、发证。

第十八条 持《特种设备作业人员证》的人员,应当在期满3个月前,向发证部门提出复审申请,也可以将复审申请材料提交考试机构,由考试机构统一办理。

第十九条 申请复审时,持证人员应当提交以下材料:

(一)《特种设备作业人员复审申请表》(1份);

(二)《特种设备作业人员证》(原件)。

《特种设备作业人员复审申请表》由用人单位签署意见,明确申请人身体状况能够适应所申请复审作业项目的需要,经过安全教育和培训,无违规、违法等不良记录。

第二十条 复审时,满足以下所有要求的为复审合格:

(一)提交的复审申请资料真实齐全;

(二)男性年龄不超过60周岁,女性年龄不超过55周岁;

(三)在复审期限内中断所从事持证项目的作业时间不超过12个月(在相应考核大纲中另有规定的,从其规定);

(四)没有造成事故的;

(五)符合相应作业人员考核大纲规定条件的。

第二十二条 在有效期内无违规、违法等不良记录,并且按时参加安全培训的持证人员,可以申请延长下次复审期限,延长的复审期限不得超过4年。

第二十三条 复审不合格的持证人员应当重新参加考试。逾期未申请复审或重新考试不合格的,其《特种设备作业人员证》失效,由发证部门予以注销。

5.《特种设备注册登记与使用管理规则》的有关规定

《特种设备注册登记与使用管理规则》于2001年4月9日经原国家质量技术监督局锅炉压力容器安全监察局颁布并开始施行。《特种设备注册登记与使用管理规则》共有35条,其中与电梯安装维修人员有关的条款如下:

第十八条 使用单位应当严格执行特种设备年检、月检、日检等常规检查制度,发现有异常情况时,必须及时处理,严禁带故障运行。检查可根据本单位设备的具体情况进行,但内容至少应当包括:

(一)对在用特种设备,每年至少进行一次全面检查;对承载类特种设备,必要时要进行载荷试验,并按额定速度进行起升、运行、回转、变幅等机构的安全技术性能检查。

(二)月检至少应检查下列项目:

(1)各种安全装置或者部件是否有效;

(2)动力装置、传动和制动系统是否正常;

(3)润滑油量是否足够,冷却系统、备用电源是否正常;

(4）绳索、链条及吊辅具等有无超过标准规定的损伤；

(5）控制电路与电气元件是否正常。

（三）日检至少应检查下列项目：

(1）运行、制动等操作指令是否有效；

(2）运行是否正常,有无异常的震动或者噪声；

(3）客运索道、游艺机和游乐设备易磨损件状况；

(4）门联锁开关及安全带等是否完好（当有这些装置时）。

检查应当做详细记录,并存档备查。

第二十条　特种设备安装、操作、维修保养等作业人员,必须接受专业的培训和考核,取得地、市级以上质量技术监督行政部门颁发的《特种设备作业人员证》后,方能从事相应的工作。

第二十一条　使用单位必须严格执行特种设备的维修保养制度,明确维修保养者的责任,对特种设备定期进行维修保养。

特种设备的维修保养必须由持《特种设备作业人员证》的人员进行,人员数量应与工作量相适应。本单位没有能力维修保养的,必须委托有资格的单位进行维修保养。

6. 《机电类特种设备安装改造维修许可规则(试行)》的有关规定

《机电类特种设备安装改造维修许可规则(试行)》于2003年8月12日经国家质量监督检验检疫总局局务会议审议通过后予以颁布并自公布之日起实施。《机电类特种设备安装改造维修许可规则(试行)》共有6章39条,每条都与电梯工程有关。与电梯安装维修作业人员密切相关的条款有如下几点：

第二十三条　取证单位从事许可范围内的施工时,应当严格执行以下要求：

（四）电梯日常维护保养单位必须保证本单位自有职工能够及时抵达所维护保养电梯所在地,及时抵达的时间限制以双方协议规定为准,一般不应超过1 h。

（五）安装、改造施工过程中现场持相应作业项目《特种设备作业人员证》的作业人员不得少于2人,并任命其中一名为项目负责人,现场安全检查员不得少于1人。

（六）维修和电梯日常维护保养施工过程中,现场持相应作业项目《特种设备作业人员证》的作业人员不得少于1人。

（七）应当采取有效措施,消除施工中的安全隐患,并严格按照本单位编制的施工方案实施现场作业,确需调整施工方案时,必须严格执行施工方案编写、审核、批准的管理制度。

7. 各种电梯监督检验规程

国家质量监督检验检疫总局自2002年3月开始,先后制定、颁布了《电梯监督检验规程》《自动扶梯和自动人行道监督检验规程》《液压电梯监督检验规程(试行)》《杂物电梯监督检验规程》,这些规程自颁布之日起已开始实施。这些检验规程中规范了对各种电梯进行监督检验的内容要求与检验方法。这些监督检验内容与要求不仅规范了电梯验收检验和定期检验的行为,而且对电梯工程质量提出了验收要求,更对电梯安装维修作业人员提出了工作准则和质量标准,内容极为丰富,要求十分具体。

1.2.3 规范及标准

为了保障人民的生命和财产安全,确保电梯安全运行,国家质量监督检验检疫总局等有关部门对电梯的设计制造、安装调试、维修保养、监督检测、安全使用等各个环节制定了一系列的国家标准和行为规范。这些标准和规范,都以文件形式颁布实施。现将与电梯有关的主要规范和标准目录及其主要内容摘录如下,供读者学习、使用时参考。

1. GB 7588—2003《电梯制造与安装安全规范》

GB 7588—2003《电梯制造与安装安全规范》是强制性国家标准。它规定了乘客电梯、载货电梯和杂物电梯制造与安装应遵守的安全准则,以防止乘客电梯、载货电梯和杂物电梯运行时发生损害乘客和货物的事故。

该标准是全国电梯标准化组织根据欧洲标准化委员会(CEN)的标准 EN81-1《电梯制造和安装安全规范》的 1998 版制定的,在内容上等效于 EN81-1。在编写格式上也与之等同。对电梯的井道与机房、轿厢与对重、安全装置、驱动主机、电气设备以及对结构、布置和相关技术要求与实验方法等作出了具体的规定。

2016 年 7 月 1 日起,又增加实施 GB 7588—2003 第 1 号修改单文件,对整梯及部件进一步强化安全要求。

2. GB/T 10058—2009《电梯技术条件》

GB/T 10058—2009《电梯技术条件》是推荐性国家标准。该标准规定了乘客电梯及载货电梯的技术要求、检验规则、标志、包装、运输和存储要求。它适用于额定速度不大于 2.5 m/s 的电力驱动的曳引式或强制式的乘客电梯及载货电梯,但不适用于杂物电梯和液压电梯。

3. GB/T 10059—2009《电梯实验方法》

GB/T 10059—2009《电梯实验方法》是推荐性国家标准。该标准规定了乘客电梯及载货电梯的整机和部件的试验方法。它适用于电力驱动的曳引式或强制式的乘客电梯及载货电梯,不适用于杂物电梯。

4. GB 10060—2011《电梯安装验收规范》

GB 10060—2011《电梯安装验收规范》是强制性国家标准。该标准规定了电梯安装验收条件、检验项目、检验要求和验收规则。它适用于额定速度不大于 2.5 m/s 的乘客电梯,不适用于液压电梯、杂物电梯。

5. GB 50310—2002《电梯工程施工质量验收规范》

GB 50310—2002《电梯工程施工质量验收规范》是由国家建设部和国家质量监督检验检疫总局联合发布的。它适用于电力驱动的曳引式或强制式电梯、自动扶梯、自动人行道安装工程质量验收,但不适用于杂物电梯。

该标准应与国家标准 GB 20300—2001《建筑工程施工质量验收同意标准》配套使用,是对电梯安装质量的最低要求,所规定的项目必须合格。

6. GB/T 7025.1～3—1997《电梯主参数及轿厢、井道、机房的形式与尺寸》

GB/T 7025.1～3—1997《电梯主参数及轿厢、井道、机房的形式与尺寸》是推荐性国家标准。该标准规定了各类电梯的主参数及轿厢、井道、机房的形式与尺寸。它适用于住宅楼、非住宅楼和医院建筑物内新安装的具有一个入口的电梯,也可作为旧建筑物内安装新电梯的依据,但不适用于液压电梯和速度大于 2.5 m/s 的电梯。

7. GB/T 7024—2008《电梯、自动扶梯、自动人行道术语》

GB/T 7024—2008《电梯、自动扶梯、自动人行道术语》是推荐性国家标准。该标准规定了电梯、自动扶梯、自动人行道术语。它适用于制定标准,编制技术文件,编写和翻译专业手册、教材及书刊。

8. GB 16899—2011《自动扶梯和自动人行道的制造与安装安全规范》

GB 16899—2011《自动扶梯和自动人行道的制造与安装安全规范》是强制性国家标准。该标准规定了自动扶梯和自动人行道在制造与安装时应遵守的安全规范,目的是保证在运行、维修和检查工作期间人员和物体的安全,以防发生事故。它为自动扶梯和自动人行道的制造、安装与检验提供了全国统一的技术依据。

9. JG/T 5072.1—1996《电梯 T 型导轨》

JG/T 5072.1—1996《电梯 T 型导轨》是国家建设部颁布的推荐性标准。它规定了电梯轿厢和对重装置提供导向的 T 型导轨以及连接板的型号、参数、技术要求、试验方法、检验规则、包装盒储运要求。

10. JG/T 5072.2—1996《电梯 T 型导轨检验规则》

JG/T 5072.2—1996《电梯 T 型导轨检验规则》是国家建设部颁布的推荐性标准,它规定了电梯 T 型导轨以及连接板的实验方法、检验规则和判定标准。但它仅适用于 T 型钢经机械加工方式或冷轧加工制作的导轨,而不适用于由板材经折弯成型的 T 型空心导轨。

11. JG/T 5072.3—1996《电梯对重用空心导轨》

JG/T 5072.3—1996《电梯对重用空心导轨》是国家建设部颁布的推荐性标准。该标准规定了电梯对重用空心导轨以及连接板的型号与参数、技术要求、试验方法、检验规则、标志、包装、运输和存储要求。它适用于不设安全钳的对重用的导轨。

12. GB 8903—2005《电梯用钢丝绳》

GB 8903—2005《电梯用钢丝绳》是强制性国家标准。它适用于载客电梯或载货电梯的曳引钢丝绳;规定了曳引钢丝绳的结构、尺寸、外形和重量,以及相关技术要求。

13. GB/T 12974—1991《交流电梯电动机通用技术条件》

GB/T 12974—1991《交流电梯电动机通用技术条件》是推荐性国家标准。该标准规定了各类型交流电梯电动机的型号与样式、基本参数与尺寸、技术要求、试验方法与检验规则以及标志与包装要求。

14. CB/T 3878—1999《船用载货电梯》

CB/T 3878—1999《船用载货电梯》是船舶行业推荐性标准。该标准规定了船用载货电梯的产品分类、技术要求、试验方法、检验规则、标志、包装、运输和贮存等。它适用于曳引轮驱动的船用载货电梯,也适用于船用厨房电梯,但不适用于载人的船用电梯。

15. JG 5009—1992《电梯操作装置、信号及附件》

JG 5009—1992《电梯操作装置、信号及附件》是国家建设部颁布的标准。它等效于采用国际标准 ISO 4190/5—1987《乘客电梯和杂物电梯第 5 部分:电梯操作装置、信号及附件》,规定了电梯的按钮及指示器,还规定了对轿厢扶手的要求。

16. JG/T 5010—1992《住宅电梯的配置与选择》

JG/T 5010—1992《住宅电梯的配置与选择》是国家建设部颁布的推荐性标准。它等效于采用国际标准 ISO 4190/6—1984(E)《电梯与服务电梯第 6 部分:安装在住宅建筑中的乘客电梯的规划与选择》,规定了住宅电梯的配置和选择方法。

17. JG 5071—1996《液压电梯》

JG 5071—1996《液压电梯》是国家建设部颁布的标准。它规定了液压电梯的技术要求、试验方法、检验规则、安装和验收规范及标志、包装、运输和贮存。它适用于速度不大于 1 m/s 的液压电梯。

18. JG 135—2000《杂物电梯》

JG 135—2000《杂物电梯》是建筑工业行业标准,等效于采用英国标准 BS 5656—1989 第三部分《杂物电梯》,于 2000 年 2 月发布,2001 年 6 月开始实施。

19. GB/T 18775—2009《电梯维修规范》

GB/T 18775—2009《电梯维修规范》是强制性国家标准。该标准规定了永久的新液压电梯的制造与安装应遵守的安全准则,以保证电梯安全运行和防止维修时发生伤害人员、损坏货物和电梯的事故。该规范适用于电力驱动的曳引式或强制式乘客电梯及载货电梯,不适用于杂物电梯和液压电梯。

20. GB/T 21240—2007《液压电梯制造与安装安全规范》

GB/T 21240—2007《液压电梯制造与安装安全规范》是推荐性国家标准。该标准规定了永久的新液压电梯的制造与安装应遵守的安全准则,适用于轿厢由液压缸支承或由钢丝绳或链条悬挂并在垂直而倾斜度不大于 15°的导轨间运行的乘客或货物的液压电梯。但对于额定速度大于 1 m/s 的液压电梯、与垂直面倾斜度大于 15°的液压电梯以及靠液压油作动力源的升降器械本标准不适用。

21. GB/T 21739—2008《家用电梯制造与安装规范》

GB/T 21739—2008《家用电梯制造与安装规范》是推荐性国家标准。该标准从保护人员和设备的观点出发,规定了家用电梯的制造与安装应遵守的规范,并指出此类家用电梯仅供单一家庭使用,因此,该标准不适用于公众使用的电梯。

思考题

1. 简述对电梯进行维修保养的必要性。
2. 对使用单位来说,电梯维修保养的基本要求是什么?
3. 与电梯工程最密切相关的法律有哪些?

第 2 章　电梯和扶梯的基本结构与功能

2.1　电梯的基本结构和功能

电梯是服务于规定楼层的固定式升降设备。它具有一个轿厢，运行在至少两列垂直的或倾斜角小于 15°的刚性导轨之间。

电梯依附建筑物的井道和机房，由八大系统组成：曳引系统、导向系统、轿厢、门系统、重量平衡系统、电力拖动系统、电气控制系统和安全保护系统（图 2-1）。组成电梯的八个系统的功能及其构件与装置见表 2-1。

表 2-1　电梯八个系统的功能及其构件与装置

八个系统	功　能	组成的主要构件与装置
1. 曳引系统	输出与传递动力，驱动电梯运行	曳引机、曳引钢丝绳、导向轮、反绳轮等
2. 导向系统	限制轿厢和对重的活动自由度，使轿厢和对重只能沿着导轨上下运动	轿厢的导轨、对重的导轨及其导轨架
3. 轿厢	用以乘送乘客和（或）货物的组件	轿厢架和轿厢体
4. 门系统	乘客或货物的进出口，运动时层、轿门必须封闭，到站时才能打开	轿厢门、层门、开门机、联动机构、门锁等
5. 重量平衡系统	相对平衡轿厢重量以及补偿高层电梯中曳引绳长度的影响	对重和重量补偿装置等
6. 电力拖动系统	提供动力，对电梯实行速度控制	曳引电动机、供电系统、速度反馈装置、电动机调速装置等
7. 电气控制系统	对电梯的运行实行操纵和控制	操纵装置、位置显示装置、控制屏（柜）、平层装置、选层器等
8. 安全保护系统	保证电梯安全使用，防止一切危及人身安全的事故发生	限速器、安全钳、缓冲器和端站保护装置、超速保护装置、供电系统断相错相保护装置、超越上下极限工作位置的保护装置、层轿门联锁装置和 UCMP 系统等

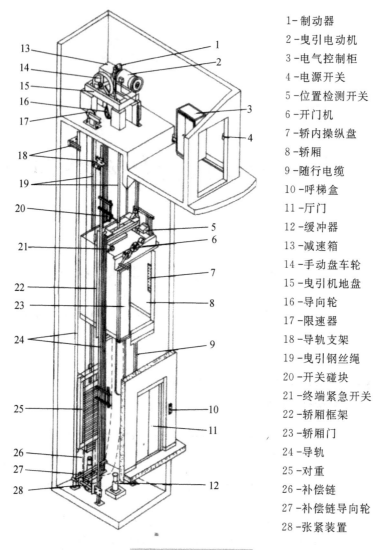

图 2-1 电梯的组成

1-制动器
2-曳引电动机
3-电气控制柜
4-电源开关
5-位置检测开关
6-开门机
7-轿内操纵盘
8-轿厢
9-随行电缆
10-呼梯盒
11-厅门
12-缓冲器
13-减速箱
14-手动盘车轮
15-曳引机地盘
16-导向轮
17-限速器
18-导轨支架
19-曳引钢丝绳
20-开关碰块
21-终端紧急开关
22-轿厢框架
23-轿厢门
24-导轨
25-对重
26-补偿链
27-补偿链导向轮
28-张紧装置

2.1.1 曳引系统

曳引系统由曳引机、导向轮、钢丝绳和绳头组合等部件组成。其驱动方式有曳引驱动、卷筒驱动(强制驱动)、液压驱动等,但现在使用最广泛的是曳引驱动。

曳引驱动的传动关系如图 2-2 所示。安装在机房的电动机与减速箱、制动器等组成曳引机,提供曳引驱动的动力。钢丝绳通过曳引轮一端连接轿厢,一端连接对重装置。轿厢与对重装置的重力使曳引钢丝绳压紧在曳引轮的绳槽内。电动机转动时由于曳引轮绳槽与曳引钢丝绳之间的摩擦力,带动钢丝绳使轿厢和对重做相对运动,轿厢在井道中沿导轨上下运行。

曳引驱动的曳引力是由轿厢和对重的重力共同通过钢丝绳作用于曳引轮绳槽产生的。对重是曳引绳与曳引轮绳槽产生摩擦力的必要条件,也是构成曳引驱动不可缺少的条件。

曳引驱动的理想状态是对重侧与轿厢侧的重量相等。此时曳引轮两侧钢丝绳的张力 $T_1=T_2$,若不考虑钢丝绳重量的变化,曳引机只要克服各种摩擦阻力就能轻松地运行。但实际上轿厢侧的重量是个变量,随着载荷的变化而变化,固定的对重不可能在各种载荷情况下都完全平衡轿厢侧的重量。因

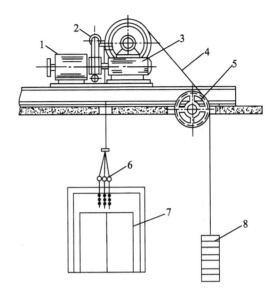

1-电动机 2-制动器 3-减速器 4-曳引绳
5-导向轮 6-绳头组合 7-轿厢 8-对重

图 2-2 电梯曳引传动关系

此对重只能取中间值,按标准规定平衡 0.4~0.5 的额定载荷,故对重侧的总重量应等于轿厢自重加上 0.4~0.5 的额定载重量。此 0.4~0.5 即为平衡系数,若以 K 表示平衡系数,则 K 的取值为 0.4~0.5。

当 $K=0.5$ 时,电梯在半载的情况下其负载转矩将近似为零,电梯处于最佳运行状态。电梯在空载和满载时,其负载转矩绝对值相等而方向相反。

在采用对重装置平衡后,电梯负载从零(空载)至额定值(满载)之间变化时,反映在曳引轮上的转矩变化只有±50%,减轻了曳引机的负担,减少了能量消耗。

1. 曳引机

曳引机是驱动电梯轿厢和对重装置上下运行的装置,是电梯的主要部件。

曳引机的分类如下:

(1) 按驱动电机分

① 交流电动机驱动的曳引机;

② 直流电动机驱动的曳引机;

③ 永磁电动机驱动的曳引机。

(2) 按有无减速器分

① 无减速器曳引机(无齿轮曳引机,见图 2-3);

② 有减速器曳引机(有齿轮曳引机,见图 2-4)。

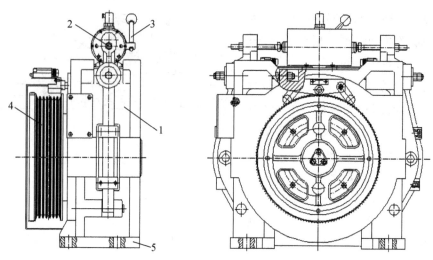

1-磁同步电机 2-制动器 3-松闸扳手 4-曳引轮 5-底座

图 2-3 WYJ型永磁无齿轮曳引机

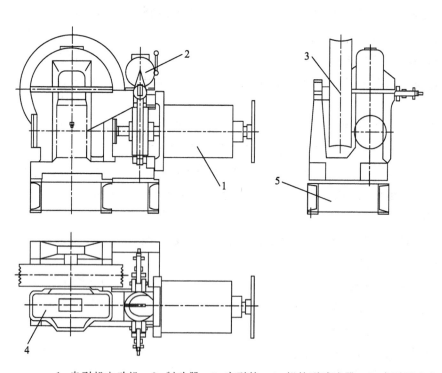

1-曳引机电动机 2-制动器 3-曳引轮 4-蜗轮副减速器 5-曳引机底盘

图 2-4 有齿轮曳引机外形结构示意图

2. 制动器

为了提高电梯的安全可靠性和平层准确度,电梯上必须设有制动器,当电梯前动力电源失电或控制电路电源失电时,制动器应自动动作,制停电梯运行。在电梯曳引机上一般装有如图 2-5 所示的电磁式直流制动器。这种制动器主要由直流抱闸线圈、电磁铁芯、闸瓦、闸瓦架、制动轮(盘)、根闸弹簧等构成。

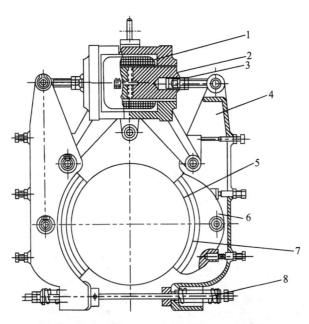

1—线圈　2—电磁铁芯　3—调节螺母　4—闸瓦架
5—制动轮　6—闸瓦　7—闸皮　8—弹簧

图 2-5　电磁式直流制动器

制动器必须设有两组独立的制动机构,即两个铁芯、两组制动臂和两个制动弹簧。若一组制动机构失去作用,则另一组应能有效地制停电梯运行。有齿轮曳引机采用带制动轮(盘)的联轴器,一般安装在电动机与减速器之间;无齿轮曳引机的制动轮(盘)与曳引绳轮是铸成一体的,并直接安装在曳引电动机轴上。

电磁式制动器的制动轮直径、闸瓦宽度及其圆弧角度可参考表 2-2 的规定。制动器是电梯机械系统的主要安全设施之一,而且直接影响着电梯的乘坐舒适感和平层准确度。电梯在运行过程中,根据电梯的乘坐舒适感和平层准确度,可以适当调整制动器在电梯启动时松闸、平层停靠时抱闸的时间,以及制动力矩的大小等。

表 2-2　电磁式制动器的参数尺寸

曳引机	电梯额定载重量/kg	制动轮直径/mm	闸瓦 宽度/mm	闸瓦 圆弧角度
有齿轮	100～200	150	65	88°
有齿轮	500	200	90	88°
有齿轮	750～3 000	300	140	88°
无齿轮	1 000～1 500	840	200	88°

为了减小制动器抱闸、松闸时产生的噪声,制动器线圈内两块铁芯之间的间隙不宜过大。闸瓦与制动轮之间的间隙也是越小越好,一般以松闸后闸瓦不碰擦运转的制动轮为宜。

3. 曳引钢丝绳

采用 GB 8903—1988 中规定的电梯用钢丝绳,这种钢丝绳分为 6×19S＋NF 和 8×19S＋NF 两种,均采用天然纤维或人造纤维作芯子。其截面结构如图 2-6 所示。

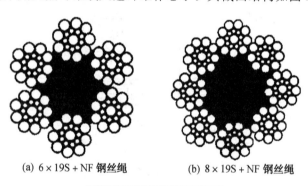

(a) 6×19S＋NF 钢丝绳　　(b) 8×19S＋NF 钢丝绳

图 2-6　钢丝绳结构图

6×19S＋NF 为 6 股,每股 3 层,外面两层各 9 根钢丝,最里层一根钢丝。8×19S＋NF 的结构与 6×19S＋NF 的相仿。每种有 6 mm、8 mm、11 mm、13 mm、16 mm、19 mm、22 mm 等几种规格。

电梯用钢丝绳的钢丝化学成分、力学性能等在 GB 8904—1988 中也作了详细规定。

电梯的曳引钢丝绳是连接轿厢和对重装置的机件,承载着轿厢、对重装置、额定载重量等重量的总和。为了确保人身和电梯设备的安全,各类电梯的曳引钢丝绳根数以及安全系数一般应符合表 2-3 的规定。在电梯产品的设计和使用过程中,各类电梯速度与曳引绳轮直径(D)和曳引绳直径(d)比值如表 2-4 所示。

表 2-3 曳引绳根数与安全系数

电梯类型	曳引绳根数	安全系数
客梯、货梯、医梯	≥4	≥12
杂物梯	≥2	≥10

表 2-4 电梯速度与曳引绳轮直径(D)和曳引绳直径(d)比值表

电梯额定速度 v	D/d
≥2 m/s	≥45
<2 m/s	≥40
≤0.5 m/s(杂物梯)	≥30

每台电梯所用曳引钢丝绳的数量和绳的直径,与电梯的额定载重量、运行速度、井道高度、曳引方式有关。在电梯产品的设计中,当电梯的提升高度比较大时,由于钢丝绳的自重过大,导致电梯平衡系数随轿厢位置的变化而变化,给电梯的调整工作造成困难,甚至影响和降低电梯的整机性能。为此常在电梯轿厢和对重装置之间装设如图 2-7 所示的补偿绳或补偿链,以减少平衡系数的变化。

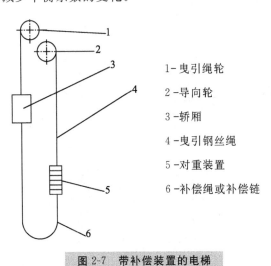

1—曳引绳轮
2—导向轮
3—轿厢
4—曳引钢丝绳
5—对重装置
6—补偿绳或补偿链

图 2-7 带补偿装置的电梯

4. 绳头组合

绳头组合也称曳引绳锥套。曳引绳锥套在曳引方式为 1∶1 的曳引系统中,是曳引钢丝绳连接轿厢和对重装置的一种过渡机件;在 2∶1 的曳引系统中,则是曳引钢丝绳连接曳引机承重梁及绳头板大梁的一种过渡机件。曳引机承重梁是固定、支撑曳引机的机件,一般由2～3根工字钢或两根槽钢和一根工字钢组成,梁的两端分别固定在对应井道墙壁的机房地板上。

绳头板大梁由两根20～24号槽钢组成,按背靠背的形式放置在机房内预定的位置上,梁的一端固定在曳引机的承重梁上,另一端固定在对应井边墙壁的机房地板上。采用曳引方式为2:1的电梯,曳引钢丝绳的一端通过曳引绳锥套和绳头板固定在曳引机的承重梁上;另一端绕过轿顶轮、曳引绳轮和对重轮,通过曳引绳锥套和绳头板固定在绳头板大梁上。

绳头板是曳引绳锥套连接轿厢、对重装置或曳引机承重梁、绳头板大梁的过渡机件。绳头板用厚度为20 mm以上的钢板制成。板上有固定曳引绳锥套的孔,每台电梯的绳头板上钻孔的数量与曳引钢丝绳的根数相等,孔按一定的形式排列着。每台电梯需要两块绳头板。曳引方式为1:1的电梯,绳头板分别焊接在轿架和对重架上;曳引方式为2:1的电梯,绳头板分别用螺栓固定在曳引机承重梁和绳头板大梁上。

曳引绳锥套按用途可分为用于曳引钢丝绳直径为13 mm和16 mm两种;按结构形式可分为组合式、非组合式、自锁楔式三种,如图2-8所示。

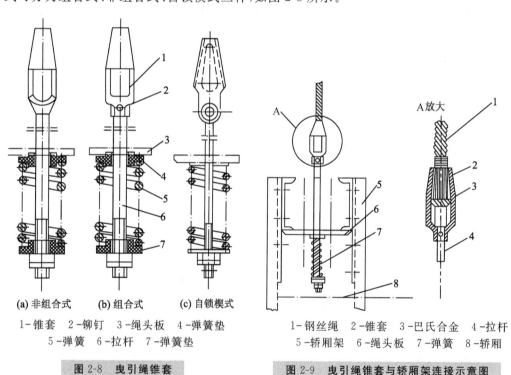

图2-8 曳引绳锥套
1—锥套 2—铆钉 3—绳头板 4—弹簧垫
5—弹簧 6—拉杆 7—弹簧垫

图2-9 曳引绳锥套与轿厢架连接示意图
1—钢丝绳 2—锥套 3—巴氏合金 4—拉杆
5—轿厢架 6—绳头板 7—弹簧 8—轿厢

组合式的曳引绳锥套其锥套和拉杆是两个独立的零件,它们之间用铆钉铆合在一起。非组合式的曳引绳锥套,其锥套和拉杆是一体的。

曳引绳锥套与曳引钢丝绳之间的连接处，其抗拉强度应不低于钢丝绳的抗拉强度。因此曳引绳头需预先做成类似大蒜头的形状，穿进锥套后再用巴氏合金浇灌。采用曳引方式为1∶1的电梯，曳引钢丝绳、曳引绳锥套、绳头板、轿厢架之间的连接关系可用图2-9表示。其中自锁楔式曳引绳锥套是20世纪90年代设计生产的，它可以省去浇灌巴氏合金的环节，曳引绳伸长后的调节也比较方便。

2.1.2 轿厢和门系统

1. 轿厢

轿厢是用来运送乘客或货物的电梯组件，由轿厢架和轿厢体两大部分组成，其基本结构如图2-10所示。

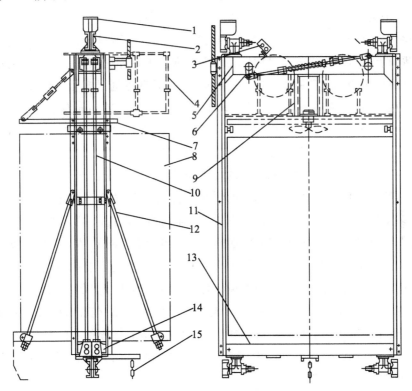

1—导轨加油盒　2—导靴　3—轿顶检修厢　4—轿顶安全栅栏　5—轿架上梁
6—安全钳传动机构　7—开门机架　8—轿厢　9—风扇架　10—安全钳拉条
11—轿架立梁　12—轿厢拉条　13—轿架下梁　14—安全钳　15—补偿装置

图 2-10　轿厢结构示意图

（1）轿厢架

轿厢架由上梁、立梁、下梁组成。上梁和下梁各用两根16～30号槽钢制成，也可用

3~8 mm厚的钢板压制而成。立梁用槽钢或角钢制成，也可用3~6 mm的钢板压制而成。上、下梁有两种结构形式，其中一种把槽钢背靠背放置，另一种则面对面放置。由于上、下梁的槽钢放置形式不同，作为立梁的槽钢或角钢在放置形式上也不相同，而且安全钳的安全嘴在结构上也有较大的区别。

（2）轿厢

一般电梯的轿厢由轿底、轿壁、轿顶、轿门等机件组成，轿厢出入口及内部净高度至少为2 m，轿厢的面积应按GB 7588—2003的8.2条的规定进行有效控制。

轿底用6~10号槽钢和角钢按设计要求的尺寸焊接成框架，然后在框架上铺设一层3~4 mm厚的钢板或木板而成。一般货梯在框架上铺设的钢板多为花纹钢板。普通客、医梯在框架上铺设的多为普通平面无纹钢板，并在钢板上粘贴一层塑料地板。高级客梯则在框架上铺设一层木板，然后在木板上铺放一块地毯。

高级客梯的轿厢大多设计成活络轿厢，这种轿厢的轿顶、轿底与轿架之间不用螺栓固定，在轿顶上通过四个滚轮限制轿厢在水平方向上前后左右摆动。而轿底的结构比较复杂，须有一个用槽钢和角钢焊接成的轿底框，这个轿底框通过螺栓与轿架的立梁连接，框的四个角各设置一块40~50 mm厚、大小为200 mm×200 mm左右的弹性橡胶。与一般轿底结构相似，与轿顶和轿壁紧固成一体的轿底放置在轿底框的四块弹性橡胶上。由于这四块弹性橡胶的作用，轿厢能随载荷的变化而上下移动。若在轿底再装设一套机械和电气的检测装置，就可以检测电梯的载荷情况。若把载荷情况转变为电的信号送到电气控制系统，就可以避免电梯在超载的情况下运行，从而减少事故的发生。

轿壁多采用厚度为1.2~1.5 mm的薄钢板制成槽钢形式，壁板的两头分别焊一根角钢做堵头。轿壁间以及轿壁与轿顶、轿底间多采用螺钉紧固成一体。壁板长度与电梯的类别及轿壁的结构形式有关，宽度一般不大于1 000 mm。为了提高轿壁板的机械强度，减少电梯在运行过程中的噪声，在轿壁板的背面点焊由薄板压成的加强筋。大小不同的轿厢，用数量和宽度不等的轿壁板拼装而成。为了美观，有的在各轿壁板之间还装有铝镶条，有的还在轿壁板面上贴一层防火塑料板，并用0.5 mm厚的不锈钢板包边，有的还在轿壁板上贴一层0.3~0.5 mm厚、具有图案或花纹的不锈钢薄板等。对乘客电梯，轿壁上还装有扶手、整容镜等。

观光电梯轿壁可使用厚度不小于10 mm的夹层玻璃，玻璃上应有供应商名称或商标、玻璃型式和厚度的永久性标志。在距轿厢地板1.1 m高度以下，若使用玻璃做轿壁，则应在0.9~1.1 m的高度设一个扶手，这个扶手应牢固固定。

轿顶的结构与轿壁相仿。轿顶装有照明灯，有的电梯还装有电风扇。除杂物电梯外，有的电梯的轿顶还设置安全窗，在发生事故或故障时，便于司机或检修人员上轿顶检修井道内的设备，必要时乘用人员还可以通过安全窗撤离轿厢。

由于检修人员经常上轿顶保养和检修电梯,为了确保电梯设备和维修人员的安全,电梯轿顶应能承受三个带一般常用工具的检修人员的重量。

轿厢是乘用人员直接接触的电梯部件。因此,各电梯制造厂对轿厢的装潢是比较重视的,特别是在高级客梯的轿厢装潢上更下功夫,除常在轿壁上贴各种类别的装潢材料外,还在轿厢地板上铺地毯,轿顶下面加装各种各样的吊顶,如满天星吊顶等,给人以豪华、舒适的感觉。

2. 轿门

轿门也称轿厢门,是为了确保安全,在轿厢靠近层门的侧面,设置供司机、乘用人员和货物出入的门。

轿门按结构形式分为封闭式轿门和网孔式轿门两种,按开门方向分为左开门、右开门和中开门三种。货梯也有采用向上开启的垂直滑动门,这种门的外形可以是网状的或带孔的板状结构。网状孔或板孔的尺寸在水平方向不得大于 10 mm,垂直方向不得大于 60 mm。医梯和客梯的轿门均采用封闭式轿门。

轿门除了用钢板制作外,还可以用夹层玻璃制作,玻璃门扇的固定方式应能承受 GB 7588—2003 规定的作用力,且不损伤玻璃的固定件。玻璃的固定件,应确保即使玻璃下沉,也不会滑脱固定件。玻璃门扇上应有供应商名称或商标、玻璃的型式和厚度的永久性标志,对动力驱动的自动水平滑动玻璃门,为了避免拖曳孩子的手,应采取减少手与玻璃之间的摩擦因数,使玻璃不透明部分高达 1.1 m 或安装能够感知孩子的手指出现在危险区域的一种装置等有效措施,使危险降低到最低程度。

封闭式轿门的结构形式与轿壁相似。由于轿厢门常处于频繁的开关过程中,所以在客梯和医梯轿门的背面常做消声处理,以减少开关门过程中由于震动所引起的噪声。大多数电梯的轿门背面除做消声处理外,还装有"防撞击人"的装置,这种装置在关门过程中,能防止动力驱动的自动门门扇撞击乘用人员。常用的防撞击人装置有安全触板式、光电式、红外线光幕式等多种形式。

(1) 安全触板式

安全触板是在自动轿厢门的边沿上,装有活动的在轿门关闭的运行方向上超前伸出一定距离的安全触板,当超前伸出轿门的触板与乘客或障碍物接触时,通过与安全触板相连的连杆机构使装在轿门上的微动开关动作,立即切断电梯的关门电路并接通开门电路,使轿门立即开启。安全触板碰撞力应不大于 5 N。

(2) 光电式

在轿门水平位置的一侧装设发光头,另一侧装设接收头,当光线被人或物遮挡时,接收头一侧的光电管产生信号电流,经放大后推动继电器工作,切断关门电路的同时接通开门电路。一般在距轿厢地坎高 0.5 m 和 1.5 m 处,两水平位置分别装两对光电装置,光电装置常因尘埃的附着或位置的偏移错位,造成门关不上。为此它经常与安全触板组合使用。

(3) 红外线光幕式

在轿门门口两侧对应安装红外线发射装置和接收装置。发射装置在整个轿门水平发射40~90道或更多道红外线,在轿门口处形成一个光幕门。当人或物将光线遮住,门便自动打开。该装置灵敏、可靠、无噪声、控制范围大,是较理想的防撞人装置。但它也会受强光干扰或尘埃附着的影响产生不灵敏现象或误动作。因此也经常与安全触板组合使用。

封闭式轿门与轿厢及轿厢踏板的连接方式是轿门上方设置有吊门滚轮,通过吊门滚轮挂在轿门导轨上,门下方装设有门滑块,门滑块的一端插入轿门踏板的小槽内,使门在开关过程中只能在预定的垂直面上运行。

轿门必须装有轿门闭合验证装置,该装置因电梯的种类、型号不同而不同,有的用顺序控制器控制门电机运行和验证轿门闭合位置,有的用凸轮控制器上的限位开关,还有的用装在轿门架上的机械装置和装在主动门上的行程开关来检验轿门的闭合位置。只有轿门关闭到位后,电梯才能正常启动运行。在电梯正常运行中,轿门离开闭合位置时,电梯应立即停止。有些客梯轿厢在开门区内允许轿门开着走平层,但是速度必须小于 0.3 m/s。

3. 层门

层门也叫厅门。层门和轿门一样,都是为了确保安全,而在各层楼的停靠站、通向井道轿厢的入口处,设置供司机、乘用人员和货物等出入的门。

层门应为无孔封闭门。层门主要由门框、厅门扇、吊门滚轮等机件组成。门框由门导轨(也称门上坎)、左右立柱或门套、门踏板等机件组成。中开封闭式层门如图2-11所示。左(或右)开封闭式的结构和传动原理与中开封闭式层门相仿。因篇幅限制,在此不做进一步介绍。

层门关闭后,门扇之间及门扇与门框之间的间隙应尽可能小。客梯的间隙应小于 6 mm,货梯的间隙应小于 8 mm。磨损后最大间隙也不应大于 10 mm。

由于层门是分隔和连通候梯大厅和井道的设施,所以在层门附近,每层的自然或人工照明应足够亮,以便乘用人员在打开层门进入轿厢时,即使轿厢照明发生故障,也能看清楚前面的区域。如果层门是手动开启的,使用人员在开门前,应能通过面积不小于 0.01 m^2 的透明视窗或一个"轿厢在此"的发光信号知道轿厢是否在那里。

电梯的每个层门都应装设层门锁闭装置(钩子锁)、证实层门闭合的电气装置、被动门关门位置证实电气开关(副门锁开关)、紧急开锁装置和层门自动关闭装置等安全防护装置。确保电梯正常运行时,应不能打开层门(或多扇门的一扇)。如果一层门或多扇门中的任何一扇门开着,在正常情况下,应不能启动电梯或保持电梯继续运行。这些措施都是为了防止坠落和剪切事故的发生。

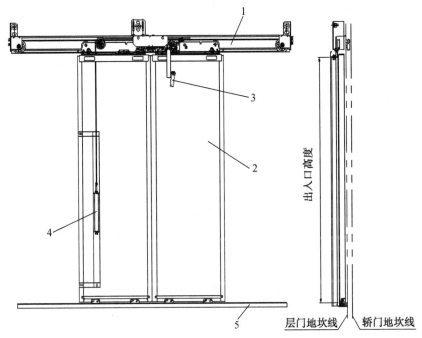

1—层门装置　2—层门　3—门锁　4—强迫关门装置　5—地坎

图 2-11　中开封闭式层门

4. 开关门机构

电梯轿、厅门的开启和关闭,通常有手动和自动两种方式。

(1) 手动开关门机构

电梯产品中采用手动开关门的情况已经很少,但在个别货梯中还采用手动开关门。采用手动开关门的电梯,是依靠装设在轿门和轿顶、层门和层门框上的拉杆门锁装置来实现的。

拉杆门锁装置由装在轿顶(门框)或层门框上的锁和装在轿门或层门上的拉杆两部分构成。门关妥时,拉杆的顶端插入锁的孔里,由于拉杆压簧的作用,在正常情况下拉杆不会自动脱开锁,而且轿门外和层门外的人员用手也扒不开层门和轿门。开门时,司机用手拉动拉杆,拉杆压缩弹簧使拉杆的顶端脱离锁孔,再用手将门往开门方向推,便能实现手动开门。

由于轿门和层门之间没有机械方面的联动关系,所以开门或关门时,司机必须先开轿门后开层门,或者先关层门后关轿门。

采用手动门的电梯,必须是由专职司机控制的电梯。开关门时,司机必须用手依次关闭或打开轿门和层门。所以司机的劳动强度很大,而且电梯的开门尺寸越大,劳动强度就越大。常用的拉杆门锁装置如图2-12所示。

（2）自动开关门机构

电梯开关门系统的好坏直接影响电梯运行的可靠性。开关门系统是电梯故障的高发区,提高开关门系统的质量是电梯从业人员的重要目标之一。通过广大从业人员的努力,电梯开关门系统的质量已有明显提高。近年来,常见的自动开关门机构有直流调压调速驱动及连杆传动、交流调频调速驱动及同步齿形带传动和永磁同步电机驱动及同步齿形带传动三种。

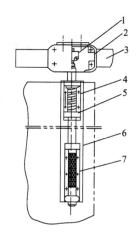

1-电联锁开关　2-锁壳　3-吊门导轨
4-复位弹簧仪　5-拉杆固定架
6-拉杆　7-门扇

图2-12　拉杆门锁装置

① 直流调压调速驱动及连杆传动开关门机构。在我国这种开关门机构自20世纪60年代末至今仍广泛采用,按开门方式又分为中分和双折式两种。由于直流电动机调压调速具有性能好、换向简单方便等特点,一般通过皮带轮减速及连杆机构传动实现自动开关门。

② 交流调频调速驱动及同步齿形带传动开关门机构。这种开关门机构利用交流调频调压调速技术对交流电机进行调速,利用同步齿形带进行直接传动,省去复杂笨重的连杆机构、降低开关门机构功率、提高开关门机构传动精确度和运行可靠性等,是一种比较先进的开关门机构。

③ 永磁同步电机驱动及同步齿形带传动开关门机构。这种开关门机构使用永磁同步电机直接驱动开关门机构,同时使用同步齿形带直接传动,不但保留变频同步开关门机构的低功率、高效率的特点,而且大大缩小了开关门机构的体积。它特别适用于无机房电梯的小型化要求。

5. 门锁装置

门锁装置一般位于层门内侧,是确保层门不被随便打开的重要安全保护设施。层门关闭后,将层门锁紧,同时接通门联锁电路,此时电梯方能启动运行。当电梯运行过程中所有层门都被门锁锁住,一般人员无法将层门撬开。只有电梯进入开锁区,并停站时层门才能被安装在轿门上的刀片带动而开启。在紧急情况下或须进入井道检修时,只有经过专门训练的专业人员方能用特制的钥匙从层门外打开层门。

门锁装置分为手动开关门的拉杆门锁和自动开关门的钩子锁（也称自动门锁）两种。

自动门锁只装在层门上，又称层门门锁。钩子锁的结构形式较多，按 GB 7588—2003 的要求，层门门锁不能出现重力开锁，也就是当保持门锁锁紧的弹簧（或永久磁铁）失效时，其重力也不应导致开锁。常见自动门锁的外形结构如图 2-13 所示。

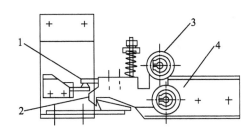

1—门电联锁接点　2—锁钩
3—锁轮　4—锁底板

图 2-13　自动门锁

门锁的机电联锁开关，是证实层门闭合的电气装置，该开关应是安全触点式的，当两电气触点刚接时，锁紧元件之间啮合深度至少为 7 mm，否则应调整。

如果滑动门是由数个间接机械连接（如钢丝绳、皮带或链条）的门扇组成的，且门锁只锁紧其中的一扇门，用这扇单一锁紧门来防止其他门扇的打开，而且这些门扇均未装设手柄或金属钩装置时，未被直接锁住的其他门扇的闭合位置也应装一个电气安全触点开关来证实其闭合状态。这个无门锁门扇上的装置被称为副门锁开关。当门扇传动机构出现故障时（如传动钢丝绳脱落等），造成门扇关不到位，副门锁开关不闭合，电梯就不能启动和运行，以此起到安全保护作用。

2.1.3　重量平衡系统

1. 重量平衡系统的功能、组成及作用

（1）重量平衡系统的功能

使对重与轿厢能达到相对平衡，在电梯工作中能使轿厢与对重间的重量差保持在某一个限额之内，保证电梯的曳引传动平稳、正常。

（2）重量平衡系统的组成

由对重装置和重量补偿装置两部分组成。

（3）重量平衡系统的作用

由对重装置和重量补偿装置两部分组成的平衡系统的示意图如图 2-14 所示。

其中对重装置起到相对平衡轿厢重量的作用，它与轿厢相对悬挂在曳引绳的另一端。

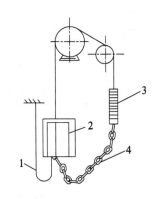

1—电缆　2—轿厢
3—对重　4—补偿装置

图 2-14　重量平衡系统示意图

补偿装置的作用是：当电梯运行的高度超过 30 mm 时，由于曳引钢丝绳和控制电缆的自重作用，使得曳引轮的曳引力和电动机的负载发生变化，补偿装置可弥补轿厢两旁重量不平衡。这就保证了轿厢侧与对重侧的重量比在电梯运行过程中不变。

2. 对重

(1) 对重的作用

① 可以平衡(相对平衡)轿厢的重量和部分电梯负载重量,减少电机功率的损耗。当电梯的负载与电梯十分匹配时,还可以减小钢丝绳与绳轮之间的曳引力,延长钢丝绳的使用寿命。

② 由于曳引式电梯有对重装置,轿厢或对重撞到缓冲器上后,电梯失去曳引条件,避免了冲顶事故的发生。

③ 曳引式电梯由于设置了对重,使电梯的提升高度不像强制式驱动电梯那样受到卷筒的限制,因而提升高度也大大增加。

(2) 对重的重量计算

对重的总重量计算公式为

$$G = W + K_平 \cdot Q$$

式中:G 为对重总重量,单位为 kg;W 为轿厢自重,单位为 kg;$K_平$ 为平衡系数,取值范围为 0.4~0.5;Q 为电梯额定载重量,单位为 kg。

对经常使用的电梯平衡系数应取下限,而经常处于重载工况的电梯则取上限。对于负载较小、额定负载不超过 630 kg 的小型电梯,即使超载一名乘客或一包货物,不平衡率也显得很大,也有可能会引起撞顶事故,因此,这类电梯的平衡系数可以取大于 0.5 的值。当平衡系数大于 0.5 时,也称为超平衡点。

3. 补偿装置

电梯在运行中,轿厢侧和对重侧的钢丝绳以及轿厢下的随行电缆的长度在不断变化。例如,60 m 高建筑物内使用的电梯,用 6 根直径为 13 mm 的钢丝绳,总重量约为 360 kg。随着轿厢和对重位置的变化,这个总重量将轮流分配到曳引轮两侧。为了减小电梯传动中曳引轮所承受的载荷差,提高电梯的曳引性能,宜采用补偿装置。

补偿装置的形式有如下两种:

(1) 补偿链

补偿链以链为主体,如图 2-15 所示,悬挂在轿厢和对重下面。为了减小链节之间由于摩擦及磕碰而产生的噪声,常在铁链中穿旗绳或麻绳。这种装置没有导向轮,结构简单,若布置或安装不当,则补偿链容易碰到井道内的其他部件。补偿链常用于速度低于 1.6 m/s 的电梯。

(2) 补偿绳

补偿绳以钢丝绳为主体,如图 2-16 所示,底坑中设有导向装置,运行平稳,可适用于速度高于 1.6 m/s 的电梯。

第 2 章　电梯和扶梯的基本结构与功能

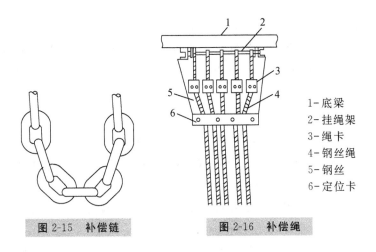

1—底梁
2—挂绳架
3—绳卡
4—钢丝绳
5—钢丝
6—定位卡

图 2-15　补偿链　　　　图 2-16　补偿绳

2.1.4　导向系统

1. 导向系统的组成和功能

轿厢导向和对重导向均由导轨、导靴和导轨架组成。轿厢的两根导轨和对重的两根导轨限定了轿厢与对重在井道中的相互位置；导轨架作为导轨的支撑件，被固定在井道壁；导靴安装在轿厢和对重架的两侧（轿厢和对重各装有四个导靴），导靴里的靴衬（或滚轮）与导轨工作而配合，使一部电梯在曳引绳的牵引下，一边为轿厢，另一边为对重，分别沿着各自的导轨上下运行。

导向系统的功能是限制轿厢和对重活动的自由度，使轿厢和对重只沿着各自的导轨做升降运动，使两者在运行中平稳，不会偏摆。有了导向系统，轿厢只能沿着在轿厢左右两侧竖直方向的导轨上下运行。

2. 导轨

导轨对电梯的升降运动起导向作用，它限制轿厢和对重在水平方向的移动，保证轿厢与对重在井道中的相互位置，并防止由于轿厢偏载而产生倾斜。当安全钳动作时，导轨作为被夹持的支撑件，支撑轿厢或对重。

每台电梯均至少具有轿厢两侧 2 列导轨及对重装置两侧 2 列导轨。导轨是确保电梯轿厢和对重装置在预定位置上下垂直运行的重要机件。导轨加工生产和安装质量的好坏，直接影响着电梯的运行效果和乘坐舒适感。近年来，国内电梯产品使用的导轨分为 T 型导轨和空心导轨两种，两种导轨的横截面形状如图 2-17 所示。

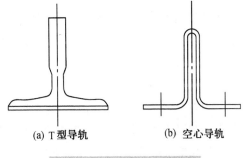

图 2-17　导轨结构截面图

每根导轨的长度一般为3~5 m。对导轨进行连接时不允许采用焊接或用螺栓连接，而是将导轨接头处的两个端面分别加工成凹凸样槽互相对接好，背后再附设一根加工过的连接板(长约250 mm，厚为10 mm以上，宽与导轨相适应)，每根导轨至少用四个螺栓与连接板固定。

3. 导轨支架

导轨支架是固定导轨的机件，按电梯安装平面布置图的要求，固定在电梯井道内的墙壁上。每根导轨上至少应设置两个导轨支架，各导轨支架之间的间隔距离应不大于2.5 m。

导轨支架在井道墙壁上的固定方式有埋入式、焊接式、预埋螺栓式、涨管螺栓固定式和对穿螺栓固定式五种。固定导轨用的导轨支架应用金属制作，不仅应有足够的强度，而且可以针对电梯井道建筑误差进行弥补性的调整。

导轨及其附件应能保证轿厢与对重(平衡重)间的导向，并将导轨的变形限制在一定的范围内。不应出现由于导轨变形过大导致门的意外开锁、安全装置动作及移动部件与其他部件碰撞等安全隐患，确保电梯安全运行。

4. 导靴

导靴安装在轿架和对重架上，分为轿厢导靴和对重导靴两种，它是确保轿厢和对重沿着导轨上下运行的装置，也是保持轿门地坎、层门地坎、井道壁及操作系统各部件之间的恒定位置关系的装置。电梯产品中常用的导靴按其在导轨工作面上的运动方式分为滑动导靴和滚动导靴两种。

(1) 滑动导靴

滑动导靴有刚性滑动导靴和弹性滑动导靴两种。刚性滑动导靴的结构比较简单，常被作为额定载重量3 000 kg以上、运行速度$v<0.63$ m/s的轿厢和对重导靴。额定载重量在2 000 kg以下、运行速度1.0 m/s$<v<$2.0 m/s的轿厢和对重导靴，多采用性能比较好的弹性滑动导靴。

为了提高电梯的乘坐舒适感，减少运行过程中的噪声，没有设尼龙靴衬的刚性导靴与导轨接触面处应有比较高的加工精度，并定期涂抹适量的黄油，以提高其润滑能力。采用弹性滑动导靴的轿厢和对重装置，常在导靴上设置导轨加油盒，通过油捻在电梯上下运行过程中给导轨工作面涂适量的润滑油脂。

(2) 滚动导靴

刚性滑动导靴和弹性滑动导靴的靴衬无论是铁的还是尼龙的，在电梯运行过程中，靴衬与导轨之间总有摩擦力存在。这个摩擦力不但增加曳引机的负荷，而且是轿厢运行时引起振动和噪声的原因之一。为减少导轨与导靴之间的摩擦力，节省能量，提高乘坐舒适感，在运行速度$v>$2.0 m/s的高速电梯中，常采用滚动导靴(图2-18)取代弹性滑动导靴。

滚动导靴主要由两个侧面导轮和一个端面导轮构成，三个滚轮从三个方面卡住导轨,使轿厢沿着导轨上下运行。当轿厢运行时,三个滚轮同时滚动,使轿厢在平衡状态下运行。为了延长滚轮的使用寿命,减少滚轮与导轨工作面之间在做滚动摩擦运行时所产生的噪声,滚轮外缘一般由橡胶、聚氨酯材料制作,使用中不需要润滑。

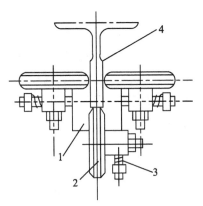

1—靴座　2—滚轮　3—调节弹簧　4—导轨

图 2-18　滚动导靴

2.1.5　安全保护系统

电梯作为垂直运行的交通工具,应具有足够的安全措施,否则在运行中一旦出现超速或者失控,将会带来无法估量的人员伤亡与经济损失。国务院颁布的《特种设备安全监察条例》明确规定了电梯是特种危险设备,从电梯的设计、制造、安装、使用、维修、检验等各个环节,对其进行安全监管控制。因此,电梯不但应该严格按照 GB 7588—2003《电梯制造与安装安全规范》等标准设置齐全的安全保护装置,而且还必须可靠有效。电梯在设计时设置了多种机械安全装置和电气安全装置,这些装置共同构成了电梯安全保护系统。

1. 电梯安全保护系统的组成

电梯安全保护系统中设置的安全保护装置,一般由机械安全装置和电气安全装置两大部分组成。这些装置主要有:

① 超速(失控)保护装置——限速器、安全钳;

② 撞底(与冲顶)保护装置——缓冲器;

③ 终端限位保护装置——强迫减速开关、终端限位开关、极限开关,可达到强迫换速、切断控制电路、切断动力电源三级保护的目的;

④ 相关电气安全保护装置——能及时切断电源,过载及短路安全保护,相序及断相安全保护,层门、轿门闭锁安全保护,防止触电安全保护等;

⑤ 其他安全保护装置——出入口安全保护装置、消防装置、轿厢顶护栏、安全窗等保

护装置。

此外,一些机械安全装置往往需要电气方面的配合和联锁才能完成其动作并取得可靠的效果。

2. 限速器与安全钳

为了确保乘用人员和电梯设备的安全,限速装置和安全钳就是防止轿厢或对重装置意外坠落的安全设施之一(图 2-19)。限速器能够反映轿厢或对重的实际运行速度,当速度达到极限值时(超过允许值)能发出信号及产生机械动作,切断控制电路或迫使安全钳动作;安全钳的作用是当轿厢(或对重)超速运行或出现突发情况时,能接受限速器操纵,以机械动作将轿厢强行制停在导轨上。

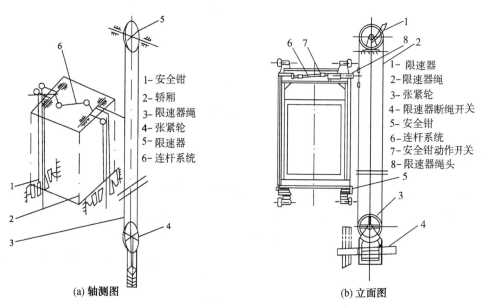

图 2-19 限速器与安全钳的联动原理图

① 限速器装置由限速器、钢丝绳、张紧装置三部分构成。限速器一般装在机房内(无机房或小机房装在井道内);张紧装置位于井道底坑,用压导板将其压在导轨上。钢丝绳将限速器与张紧轮连接起来。

限速器是依靠摩擦力来运动的。要保证钢丝绳与限速器之间有足够的摩擦力,以准确反映轿厢的运行速度。当限速器动作时,限速器对限速器绳的最大制动力应不小于 300 N,同时不小于安全钳动作所需提拉力的两倍。

② 安全钳装置一般设在轿厢架下的横梁上,通过钢丝绳与限速装置连接在一起。它由操纵机构与制停机构组成。安全钳按其动作过程的不同可分为瞬时式安全钳和渐进式安全钳两种。若电梯的额定速度大于 0.63 m/s,轿厢应采用渐进式安全钳。若电梯的

额定速度小于或等于 0.63 m/s,轿厢可采用瞬时式安全钳。

③ 限速器和安全钳要连在一起作用。限速器是速度反应和操作安全钳的装置,安全钳必须由限速器来操纵,禁止使用由电气、液压或气压装置来操纵的安全钳。当电梯运行时,电梯轿厢的上下垂直运动就转化为限速器的旋转运动。当旋转运动的速度超出极限值时,限速器就会切断控制回路,使安全钳动作。

3. 缓冲器

缓冲器是电梯极限位置的最后一道安全装置,它设在井道底坑的地面上。在轿厢和对重装置下方的井道底坑地面上均设有缓冲器。若由于某种原因,当轿厢或对重装置超越极限位置,发生蹲底冲击缓冲器时,缓冲器将吸收或消耗电梯的能量,从而使轿厢或对重安全减速直至停止。所以缓冲器是一种用来吸收或消耗轿厢或对重装置动能的制动装置。

电梯使用的缓冲器主要有两种形式:蓄能型缓冲器和耗能型缓冲器。常见的缓冲器有弹簧缓冲器(图 2-20)、液压缓冲器(图 2-21)和聚氨酯缓冲器三种。其中蓄能型缓冲器只能用于额定速度不超过 1.0 m/s 的电梯,而耗能型缓冲器可用于任何额定速度的电梯。

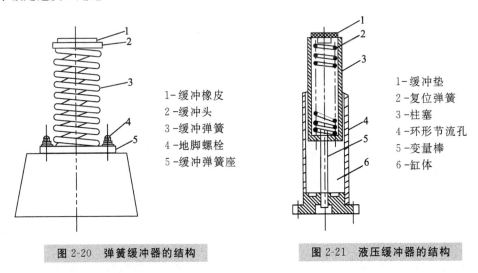

图 2-20 弹簧缓冲器的结构　　图 2-21 液压缓冲器的结构

4. 终端限位防护装置

终端限位保护装置是防止电气失灵时造成轿厢蹲底或冲顶的一种安全装置。

终端限位保护装置包括强迫减速限位开关、终端限位开关、终端极限开关以及相应的碰板、碰轮及联动机构。

5. **电梯中有关电气安全保护装置的规定及常用装置**

(1) 电梯必须设置的电气安全装置

我国国家标准 GB 10058—1997《电梯技术条件》对电梯必须设置的电气安全装置作出了明确的规定。电梯必须设置的电气安全装置包括:

① 超速保护装置。
② 供电系统断相、错相保护装置。
③ 超越上、下极限工作位置时的保护装置。
④ 层门锁与轿门电气联锁装置。
⑤ 停电或电气系统发生故障时,应有慢速移动轿厢的措施。
⑥ 在机房中,对应每台电梯应装设一个能切断该电梯总电源的主开关,该开关应具有切断电梯正常使用情况下最大电源的能力。
⑦ 电气设备的一切金属外壳必须采用保护接地或保护接零的装置(措施),零线与接地线应分开。
⑧ 轿顶应设有红色标志的非自动复位开关。
⑨ 轿顶必须设检修开关,并应符合以下要求。
a. 上下只能点动。
b. 轿厢运行速度不应超过 0.63 m/s。
c. 检修运行只能在轿厢正常运行的范围内,且安全装置应起作用。
d. 在检修开关上或其近旁应标出"正常"及"检修"字样,并标出运行的方向。
⑩ 井道底坑应设停止开关,开关上或其近旁应标出"停止"字样。

(2) 电气故障的防护

我国国家标准 GB 7588—1995《电梯制造与安装安全规范》对电梯电气故障防护的规定如下:

电梯可能出现各种电气故障,但下列电气设备中的任何一种故障,其本身不应成为电梯危险故障的原因。

① 无电压。
② 电压降低。
③ 导线(体)中断。
④ 对地或对金属构件的绝缘损坏(如果电路接地或接触金属构件而造成接地,该电路中的电气安全装置应使曳引机立即停机,或在第一次正常停机后防止曳引机再启动)。
⑤ 电气元件的短路或断(开)路,如电阻器、电容器、晶体管、灯等。
⑥ 接触器或继电器的可动衔铁不吸合或不完全吸合。
⑦ 接触器或继电器的可动衔铁不释放(断开)。
⑧ 触点不断开。
⑨ 触点不闭合。
⑩ 错相。

6. 其他安全保护装置

（1）层门门锁的安全装置

乘客进入电梯轿厢首先接触到的就是电梯层门（厅门），正常情况下，只要电梯的轿厢没有到位（到达本站层），本层门的层门就不能打开，只有轿厢到位（到达本层站）后，随着轿厢门打开后才能随着打开。因此层门门锁的安全装置的可靠性十分重要，直接关系到乘客进入电梯的第一关的安全性。

（2）近门保护装置

乘客进入层门后就立即经过轿厢门而进入轿厢。近门指的是接近轿厢的门，但由于乘客进出轿厢的速度不同，有时会发生被轿门夹住的情况。电梯上设置近门保护装置的目的就是防止轿厢在关门过程中出现夹伤乘客或夹住物品的现象。

（3）轿厢超载保护装置

乘客从层门进入到轿厢后，轿厢里的乘客人数（或货物）所达到的载重量如果超过电梯的额定载重量，就可能出现电梯超载后所产生的不安全后果或超载失控，造成电梯超速降落的事故。

超载保护装置的作用是当轿厢超过额定负载时，能发出警告信号并使轿厢不能启动运行，从而避免意外事故的发生。

（4）轿厢顶部的安全窗

安全窗是设在轿厢顶部的一个向外开的窗口。安全窗打开时，限位开关的常开触点断开，切断控制电源，此时电梯不能运行。当轿厢因故停在楼房两层中间时，司机可通过安全窗从轿顶以安全措施找到层门。安装人员在安装或维修人员在处理故障时也可利用安全窗。由于控制电源被切断，可以防止人员出入轿厢窗口时因电梯突然启动而造成人身伤害事故。出入安全窗时还必须先将电梯急停开关按下（如果有的话）或用钥匙将控制电源切断。为了安全，司机最好不要从安全窗出入，更不能让乘客从安全窗出入。因安全窗窗口较小，且离地面有两米多高，上下很不方便。停电时，轿顶上很黑，又有各种装置，易发生人身伤害事故。也有的电梯不设安全窗，可以用紧急钥匙打开相应的层门上下轿顶。

（5）轿顶护栏

轿顶护栏是电梯维修人员在轿顶作业时的安全保护栏。GB 7588—1995《电梯制造与安装安全规范》中规定："轿顶应设计成有安装栏杆的可能，根据当地的规定可要求安装护栏。"此后，GB 7588—1995 又将其删去。轿顶装设护栏有利有弊：有护栏可以防止维修人员不慎坠落井道；然而有护栏又使得有的维修人员倚靠护栏，反而思想麻痹，不慎时也会造成人体碰伤与擦伤。在实际工作中无护栏而坠入井道死亡者有之，有护栏而造成碰伤者也有之。设不设防护栏，应视电梯自身设备状况和井道尺寸、维修人员素质等情况,由当地劳动保护检测部门规定。就实践经验来看,设护栏比不设护栏更有利,只是设置护栏时应注意使护栏外围与井道内的其他设施(特别是对重)保持一定的安全距离,做到既可防止人员从轿顶坠落,又避免因扶、倚护栏造成人身伤害事故。在维修人员安全工作守则中可以写入"站在行驶中的轿顶上时,应站稳扶牢,不倚、靠护栏""与轿厢相对运动的对重及井道内其他设施保持安全距离"等字样,以提醒维修人员重视安全。

(6) 底坑对重侧护栅

为防止人员进入底坑对重下侧而发生危险,在底坑对重两导轨间应设防护栅,防护栅高度为 1.7 m,距地 0.5 m 装设。宽度不小于对重导轨两侧的间距,无论是水平方向或垂直方向测量,防护网空格或穿孔尺寸均不得大于 75 mm。

(7) 轿厢护脚板

轿厢不平层,当轿厢地面(地坎)的位置高于层站地面时,会使轿厢与层门地坎之间产生间隙,这个间隙有可能会使乘客的脚踏入井道,发生人身伤害事故。为此,国家标准规定,每一轿厢地坎上均需装设护脚板,其宽度是层站入口处的整个垂直以下部分成斜面向下延伸,斜面与水平面的夹角 $b>60°$。该斜面在水平面上的投影深度不小于 20 mm。护脚板用 2 mm 的厚铁板制成,装于轿厢地坎下侧且用扁铁支撑,以加强机械强度。护脚板示意图如图 2-22 所示。

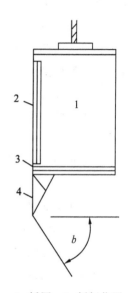

1—轿厢 2—轿门位置
3—轿厢地坎 4—护脚板

图 2-22 轿厢地坎下护脚板示意图

(8) 制动器扳手与盘车手轮

当电梯在运行中突然停电造成电梯停止运行时,电梯又没有停电自投运行设备,且轿厢又停在两层门之间,乘客无法走出轿厢,这时就需要维修人员到机房用制动器扳手和盘车手轮两件工具人为操纵使轿厢就近停靠,以便疏导乘客。制动器扳手的式样因电梯抱闸装置的不同而不同,其作用都是用来使制动器的抱闸脱开。盘车手轮是用来转动电动机主轴的轮状工具(有的电梯装有惯性轮,亦可操作电动机转动)。操作时首先应切断电源由两人操作,即一人操作制动器扳手,一人盘动手轮。两人需配合好,以免因制动器的抱闸被打开而未能把住手轮致使电梯因对重的重量而造成轿厢快速行驶。一人打开抱闸,一人慢速转动手轮使轿厢向上移动。当轿厢移到接近平层位置时即可。制动器扳手和盘车手轮平时应放在明显位置并应涂上红漆以示醒目。

(9) 超速保护开关

在速度大于 1 m/s 的电梯限速器上都设有超速保护开关,在限速器的机械装置动作之前,此开关就得动作,切断控制回路,使电梯停止运行。有的限速器上安装两个超速保护开关,第一个开关动作使电梯自动减速,第二个开关才切断控制回路。对速度不大于 1 m/s 的电梯,其限速器上的电气安全开关最迟在限速器达到其动作速度时起作用。

(10) 曳引电机的过载保护

电梯使用的电动机容量一般都比较大,从几千瓦至十几千瓦。为了防止电动机过载后被烧毁而设置了热继电器过载保护装置。电梯电路中常采用的 JRO 系列热继电器是一种双金属片热继电器。两只热继电器元件分别接在曳引电动机快速和慢速的主电路中,当电动机过载超过一定时间,即电动机的电流长时间大于额定电流时,热继电器中的双金属片经过一定时间后变形,从而断开串接在安全保护回路中的接点,保护电动机不因长期过载而烧损。

现在也有将热敏电阻埋藏在电动机绕组中的,即当过载发热引起阻值变化时,经放大器放大使微型继电器吸合,断开其在安全回路中的触头,从而切断控制回路,强令电梯停止运行。

(11) 电梯控制系统中的短路保护

一般短路保护是由不同容量的熔断器来进行的。熔断器是利用低熔点、高电阻金属不能承受过大电流的特点,使它熔断,切断电源,对电气设备起到保护作用。极限开关的熔断器是 RcIA 型插入式,熔体为软铅丝,形状为片状或棍状。电梯电路中还采用 RLI 系列蜗旋式熔断器和 RLS 系列螺旋式快速熔断器,用以保护半导体整流元件。

(12) 主电路方向接触器联锁装置

① 电气联锁式装置。交流电梯运行方向的改变是通过主电路中的两只方向接触器改变供电相序来实现的。如果两只接触器同时吸合,则会造成电气线路的短路。为防止发生短路故障,在方向接触器上设置了电气联锁。即上方向接触器的控制回路是经过下方向接触器的辅助常闭接点来完成的。下方向接触器的控制电路受上方向接触器辅助常闭接点控制。只有下方向接触器处于失磁状态时,上方向接触器才能吸合,而下方向接触器吸合时上方向接触器一定处于失磁状态。这样上下方向接触器形成电气联锁。

② 机械联锁式装置。为防止上下方向接触器电气联锁失灵,造成短路事故,在上下方向接触器的背面,装设了一只杠杆。当上方向接触器吸合时,由于杠杆作用,限制住下方向接触器的机械部分不能动作,使接触器接点不能闭合;当下方向接触器吸合时,上方向接触器接点也不能闭合,从而达到机械联锁的目的。

(13) 供电系统相序和断(缺)相保护

当供电系统因某种原因造成三相动力线的相序与原相序有所不同,从而使电梯原定的运行方向变为相反方向时,会给电梯运行造成极大的危险性。同时缺相保护的目的也是防止曳引机在电源缺相的情况下不正常运转而导致电动机烧损。

电梯电气线路中采用了 XSJ 相序继电器,当线路错相或断相时,相序继电器切断控制电路,使电梯不能运行。国内目前常采用的XJ3型相序继电器的原理如图2-23所示。

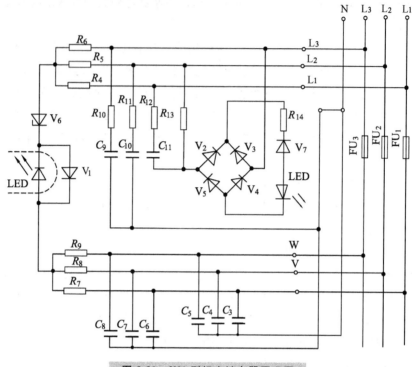

图2-23　XJ3型相序继电器原理图

近几年来,由于电力电子器件和交流传动技术的发展,电梯的主驱动系统应用晶闸管直接供电给直流曳引电动机。以大功率GTR三极晶体管为主体的变频技术在交流调速电梯系统(即VVVF)中的应用,使电梯系统工作时与电源的相序无关。因此,在这种系统中缺相保护是重要的。所以电梯控制系统一般总是要求有缺相和保护两者相结合的保护继电器。

(14) 电气设备的接地保护

我国供电系统一般采用中性点直接接地的三相四线制,从安全防护方面考虑,电梯的电气设备采用接零保护。在中性点接地系统中,当一相接地时,接地电流成为很大的单相短路电流,保护设备能准确而迅速地切断电流,保障人身和设备安全。接零保护的同时,零线还要在规定的地点采取重复接地。重复接地是将零线的一点或多点通过接地体与大地再次连接。在电梯安全供电现实情况中还存在一定的问题:有的引入的电源为三相四线,到电梯机房后,将零线与保护地线混合后使用;有的用敷设的金属管外皮作零线使用,这是很危险的,容易造成人身触电事故或损害电气设备。有条件的地方最好采用三相五线制的TN-S系统,直接将保护地线引入机房,如图2-24(a)所示。如果采用三相四线制供电接零保护 TN-C-S 系统,则严禁电梯电气设备单独接地。电源进入机房后保护线与中性线应始终分开,该分离点(A 点)的接地电阻不应大于 4 Ω,如图 2-24(b)所示。

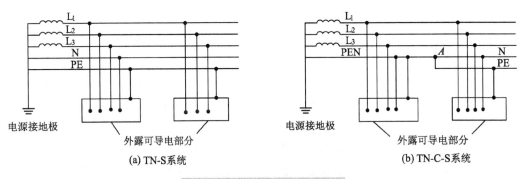

图 2-24 供电系统接地形式

电梯电气设备如电动机、控制柜、布线管、布线槽等外露的金属外壳部分均应进行保护接地。

保护接地线应采用导线横截面积不小于 1.5 mm², 且有绝缘层的铜线,或 4 mm² 的裸铜线(禁止使用铝线)。线槽或金属管应相互连成一体并接地,连接可采用金属焊接,在跨接管路线槽时可用直径为 4～6 mm 的铁丝或钢筋棍,用金属焊接方式焊牢,如图 2-25 所示。

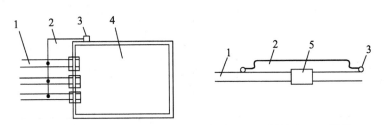

1—金属管或线槽　2—接地线　3—金属焊点　4—金属线盒　5—管箍

图 2-25 接地线连接方式

当使用螺栓压接保护地线时,应使用直径为 8 mm 的螺栓,并加平垫圈和弹簧垫圈压紧。接地线应为黄绿双色。当采用随行电缆芯线作保护线时不得少于两根。

在电梯采用的三相四线制供电线路的零线上不准装设保险丝,以防人身和设备的安全受到损害。对于各用电设备的接地电阻应不大于 4 Ω。电梯生产厂家有特殊抗干扰要求的,按照厂家要求安装。对接地电阻应定期检测,动力电路和安全装置电路的接地电阻不得小于 0.5 MΩ,照明、信号等其他电路的接地电阻不小于 0.25 MΩ。

(15) 电梯急停开关

急停开关也称安全开关,是串接在电梯控制线路中的一种不能自动复位的手动开关,当遇到紧急情况或在轿顶、底坑、机房等处检修电梯时,为防止电梯的启动、运行,将开关关闭,切断控制电源以保证安全。

急停开关分别设置在轿厢操作盘(箱)上、轿顶操纵盒上及底坑内和机房控制柜壁上。有的电梯轿厢操作盘(箱)上不设此开关。

急停开关应有明显的标志,按钮应为红色,旁边标以"通""断""停止"字样,扳动开关,向上为接通,向下为断开,旁边也应用红色标明"停止"位置。

(16) 可切断电梯电源的主开关

每台电梯在机房中都应装设一个能切断该电梯电源的主开关,并具有切断电梯正常行驶时的最大电流的能力。若有多台电梯,则还应对各个主开关进行相应的编号。

注意:主开关切断电源时不包括轿厢内、轿顶、机房和井道的照明、通风以及必须设置的电源插座等供电电路。

目前,我国一般常用DZ-100型空气开关为电源主开关,其规格、型号、主要性能参数见表2-5。照明电路开关规格见表2-6。

表 2-5 DZ-100 型空气开关主要性能参数(主开关代号 QF1)

系统电流/A	复式脱扣参数		主触点极限分断能力/A		寿命/10^3 次	
	额定电流/A	动作电流倍数	交流 380 V 时	直流 220 V 时	机械	电气
40	40	10	9 000	9 000	20	1
50	50	10	12 000	12 000		
60	60	10	12 000	12 000		
80	80	10	12 000	12 000		

表 2-6 照明电路开关规格

开关名称、代号	照明电路电流/A	型号	极数	电流/A	电压/V
照明电源开关 SA1、SA2	<15	HH3-15	2	15	380

(17) 紧急报警装置

当电梯轿厢因故障被迫停止时,为使电梯司机与乘客在需要时能有效地向外求援,应在轿厢内装设容易识别和触及的报警装置,以通知维修人员或有关人员采取相应的措施。报警装置可采用警铃(充电蓄电池供电的)、对讲系统、外部电话或类似装置。

2.2 扶梯的基本结构和功能

自动扶梯是由一台特殊结构形式的链式输送机和两台特殊结构形式的胶带输送机所组合而成的,用在建筑物的不同层高间运载人员上下的一种连续输送机械,其结构如图 2-26 所示。

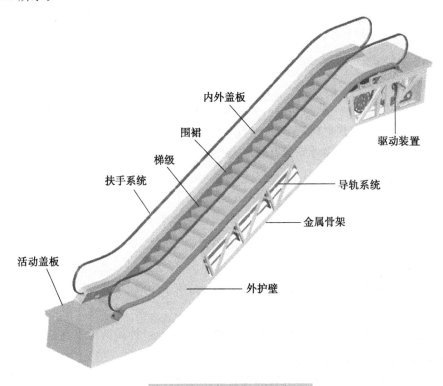

图 2-26 自动扶梯的结构图

2.2.1 梯级

梯级是特殊结构形式的四轮小车,有两只主轮、两只辅轮。梯级主轮的轮轴与牵引链条铰接在一起,而辅轮轴则不与牵引链条连接。全部梯级按一定的规律布置导轨运行,可以做到在自动扶梯上分支的梯级保持水平,而在下分支的梯级可以倒挂。

分体式梯级由踏板、踢板、支架等部分拼装组合而成,而整体式梯级集三者于一体整体压铸而成。整体梯级加工速度快、精度高、自重轻。整体梯级装有主轮与辅轮。

1. 梯级踏板

踏板表面应具有凹槽,它的作用是使梯级通过扶梯上下出入口时,能嵌在梳齿板中,以保证乘客安全上下。另外,可以防止乘客在梯级上滑动。槽的节距应有较高的精度。

2. 踢板

踢板面为圆弧面。将小提升高度自动扶梯梯级的踏板面做成有齿的,梯级踏板的后端也做成齿形,这样可以使后一个梯级踏板后端的齿嵌入前一个梯级踏板的齿槽内,使各梯级之间相互进行导向。大提升高度自动扶梯踢板可做成光面。

3. 梯级骨架

梯级骨架是梯级的主要支撑结构,由两侧支架和以板材或角钢构成的横向联系件所组成。支架一般采用压铸件,骨架上面固结踏板,下面有装主、辅轮心轴的轴套。整体梯级的骨架、支架、踏板与踢板等均整体压铸而成。

4. 车轮

一只梯级有四只轮子,两只铰接于牵引链条上的为主轮,两只直接装在梯级支架短轴上的称为辅轮。自动扶梯梯级车轮的特点是:工作转速不高,一般在 80～140 r/min 范围内,但工作载荷大,外形尺寸受到限制。

2.2.2 牵引构件

自动扶梯所用牵引构件有牵引链条与牵引齿条两种。牵引构件是传递牵引力的构件。一台自动扶梯一般有两根构成闭合环路的牵引链条或牵引齿条。使用牵引链条的驱动装置装在上、下分支上水平直线区段的末端,即所谓端部驱动式的。使用牵引齿条的驱动装置装在倾斜直线区段上、下分支的当中,即所谓中间驱动式的。

1. 牵引链条

按连接方法牵引链条分为可拆式和不可拆式两种。可拆式的就是在任何环节都可以分拆而无损于链条及其零部件的完整性。不可拆式的是仅在一定数目的环节处,也就是在一定的分段长度处可以拆装。我国在自动扶梯的制造中,一般采用第二种,因为这种结构具有较高的可靠性,而且安装方便。

2. 牵引齿条

中间驱动装置所使用的牵引构件是牵引齿条,它的一侧有齿。两梯级间用一节牵引齿条连接。中间驱动装置机组上的传动链条的销轴即与牵引齿条的牙齿相啮合以传递动力。

2.2.3 导轨系统

自动扶梯梯路导轨系统包括主轮和辅轮的全部导轨、反轨、反板、导轨支架及转向壁等。导轨系统的作用在于支撑由梯级主轮和辅轮传递来的梯路载荷,保证梯级按一定的规律运动以及防止梯级跑偏等。倾斜直线区段是自动扶梯的主要工作区段,也是梯路中最长的一部分。

当牵引链条通过驱动端牵引链轮和张紧端张紧链轮转向时,梯级主轮已不需要导轨及反轨了,该处将是导轨及反轨的终端。该导轨终端不允许超过链轮的中心线,同时,应制成喇叭口。但是辅轮经过驱动端与张紧端时仍然需要转向导轨。这种辅轮终端转向导轨做成整体式的,即为转向壁。转向壁将与上分支辅轮导轨和下分支辅轮导轨相连接。由于中间驱动装置是在自动扶梯的中部,因而在驱动端和张紧端都不设置链轮。梯级主轮行至上、下两个端部时,也需要经过如辅轮转向壁一样的转向导轨。这两个转向轨道通常各由两段约为1/4弧段长的导轨组成,其中下部的一段导轨需要略可游动,以补偿牵引齿条从一分支转入另一分支时在圆周上所产生的误差。

2.2.4 驱动装置

由于自动扶梯是运载人员的,往往用于人流集中之处;特别是服务于公共交通系统的扶梯更是如此,而且每天运转时间很长。因此,对于驱动装置提出了较高的设计要求,主要为:

① 所有零部件应进行详细计算,都需要较高的强度和刚度,以保证在短期过载的情况下,机器具有充分的可靠性。

② 零件具有较高的耐磨性,以保证机器在若干年内,每天进行长期工作。

③ 由于驱动装置设置位置的限制,要求机构尽量紧凑,并且装拆维修方便。

驱动装置的作用是将动力传递给梯路系统及扶手系统。它一般由电动机、减速器、制动器、传动链条及驱动主轴等组成。由于电动机与梯级踏板之间有一定的高度差,所以驱动装置的传动比在1∶46至1∶48这一范围内。按驱动装置所在自动扶梯的位置可分为端部驱动装置和中间驱动装置。端部驱动装置以牵引链条为牵引件,又称链条式自动电梯。这种驱动装置装在自动扶梯的端部。安装驱动装置的地方称为机房。小提升高度自动扶梯使用内机房;大提升高度自动扶梯的端部驱动装置需要采用外机房,也即驱动装置装在自动扶梯金属结构外建筑物上。中间驱动装置装在自动扶梯中部,以牵引齿条为牵引件,又称为齿条式自动扶梯。中间驱动自动扶梯不需要内、外机房,而将驱动装置装在自动扶梯梯路中部的上、下分支之间,而该处是自动扶梯未被利用的空间。

端部驱动结构形式生产时间已久,工艺成熟,维修方便,我国绝大多数企业均生产这种结构形式。中间驱动结构形式紧凑,能耗低,特别是大提升高度时,可以进行多级驱动。由于驱动装置装在有载梯级的下面,因而应注意驱动装置所产生的震动与噪声。

1. 端部驱动装置

端部驱动装置是常用的一种驱动装置。驱动机组通过传动链条带动驱动主轴,主轴上装有两个链轮、两个扶手驱动轮、传动链轮以及紧急制动器等。牵引链条上装有一系列梯级,由主轴上的牵引链轮带动。主轴上的扶手驱动轮通过扶手传动链条使扶手驱动轮驱动扶手胶带。另有扶手胶带压紧装置,以增加扶手胶带与扶手驱动轮间的摩擦力,防止打滑。

端部驱动装置常使用蜗轮减速器,其具有运转平稳、噪声小及体积小等优点。然而,蜗轮减速器的效率较低,能量消耗高。采用平行轴线的圆柱斜齿轮减速器,可以提高效率,但选用这种圆柱斜齿轮的参数时,要考虑降低噪声问题。此外,驱动装置采用防震装置、机架部件采用吸震材料可以使震动噪声降到与蜗轮减速器相同的水平。

以上驱动组件牵引轮的连接都采用了链条传动。链条传动依靠链轮带动链条进行动力传递。驱动力作用在链轮和链条上。由于链条在链轮旋转过程中不断地与链轮啮合和脱开,于是期间产生摩擦,出现能量损耗,链条磨损,致使链轮的齿距增加 Δt,链条也将伸长。于是出现链条不在理想的节圆直径上,而在比节圆直径大的直径上进行运动。这样就会出现链条在链轮上"爬高"的现象。在极端情况下,传动链条在链轮的顶圆直径上运动,链条会在轮齿上跳跃。

皮带传动存在打滑问题。皮带传动效果与作用在皮带轮上的摩擦力、皮带的张力、皮带的强度及摩擦因数等有关。温度、湿度会影响皮带的张力。灰尘、油污、潮湿也会影响摩擦因数。在承受载荷的情况下,原有皮带张力将随之增加,可能导致皮带在皮带轮上的滑动,因而造成皮带的损坏。

根据以上分析,凡是驱动机组与牵引链轮之间的传动不是由轴、齿轮等来完成的,也即不是使用啮合传动来完成的,从安全角度考虑,自动扶梯在紧急状态下的制动作用在驱动主轴上是必要的,也即紧急制动器应该装在驱动主轴上。

2. 中间驱动装置

如前所述,将驱动机组置于上、下两分支之间时即为中间驱动装置。这种结构可节省端部驱动装置所占用内机房的空间,而简化自动扶梯两个端部的结构。中间驱动装置必须用牵引齿条来代替牵引链条。电动机通过减速器将动力传递给两侧的两根构成闭环的传动链条,每侧的两根传动链条之间铰接一系列滚子,滚子与牵引齿条的牙齿啮合,驱动扶梯运行。制动器装在减速器的高速轴上。

中间驱动装置的一大特点是有可能进行自动扶梯的多级驱动。当自动扶梯提升高度相当大时,端部驱动的牵引链条的张力在有载分支上升时急剧增大,牵引链条尺寸及电动机功率也应加大。此时,如果将上述的中间驱动机组多设几组,则形成多级驱动自动扶梯,可以大大降低牵引齿条的张力。另一特点是牵引齿条在驱动机组出口端受到推力,经过一个转点后变成承受拉力。

3. 制动器

制动器是依靠构成摩擦副的两者间的摩擦来使机构进行制动的一个重要部件。摩擦副的一方与机构的固定机架相连,另一方与机构的转动件相连。当机构启动时,使摩擦面的两方脱开,机构进行运转;而当机构需要制动时,使摩擦面的两方接触并压紧,此时,摩擦面间产生足够大的摩擦力矩,消耗动能,使机构减速,直至停止运动。

自动扶梯所采用的制动器包括:工作制动器、紧急制动器和辅助制动器。

工作制动器一般装在高速轴上,它应使自动扶梯或自动人行道在停止运行过程中,几乎匀减速使其停止运转,并能保持停住状态。工作制动器在动作过程中应无故意的延迟现象。工作制动器都采用常闭式。所谓常闭式制动器,是指机构不工作期间是闭合的,也就是处于制动状态;在机构工作时,通过持续通电由释放器将制动器释放,使之运转。在制动器电路断开后,工作制动器立即制动。制动器的制动力必须由有导向的压缩弹簧或重锤来产生。工作制动器的释放器应不能自激。这种制动器为机电一体式制动器。自动扶梯的工作制动器常使用块式制动器、带式制动器或盘式制动器等。

在驱动机组与驱动主轴间使用传动链条进行连接时,一旦传动链条突然断裂,两者之间即失去联系。此时,即使有安全开关使电源断电,电动机停止运转,也无法使自动扶梯梯路停止运行。特别是在有载上升时,自动扶梯梯路将突然反向运转和超速向下运行,导致乘客受到伤害。在这种情况下,如果在驱动主轴上装设一制动器,用机械方法来驱动主轴,也就是整个自动扶梯停止运行的话,则可以防止上述情况发生。这个制动器应该称为紧急制动器。紧急制动器在下列情况下设置:

① 工作制动器和梯路系统间是以传动链条连接的。
② 工作制动器不是使用机电式制动器的。
③ 公共交通型自动扶梯。

紧急制动器功能应在制动力下,有载自动扶梯或自动人行道以有明显感觉的减速度停止下来,最终保持在静止状态,并不需要保证工作制动器的制动距离。紧急制动器的动作要能在紧急情况下切断控制电路。紧急制动器应该是机械式的,利用摩擦原理通过机械结构进行制动。紧急制动器应在以下任一情况下起作用:

① 在速度超过额定速度的40%之前。
② 梯路突然改变其规定的运行方向时。

辅助制动器在自动扶梯停止时起保险作用,尤其是在满载下降时,其作用更为显著。辅助制动器不进行自动复位,复位需要人工操作。

2.2.5 张紧装置

张紧装置的作用如下:
① 使自动扶梯的牵引链条获得必要的初张力,以保证自动扶梯的正常运转。
② 补偿牵引链条在运转过程中的伸长。

③ 牵引链条及梯级由一个分支过渡到另一分支的改向功能。

④ 梯路导向所必需的部件，如转向壁等均装在张紧装置上。

重锤式张紧装置是利用重锤的上下以自动调节牵引构件的张力的一种张紧装置。这种结构复杂且自重大，在自动扶梯中已很少使用。目前，一般采用弹簧张紧装置，链轮轴的两端各装在滑块内，滑块可在固定的滑槽中滑动，以调节牵引链条的张力。

由于张紧链轮除张紧作用外还具有改向功能，牵引链条的链节与张紧链轮的齿轮需要不断地进行啮合和脱开，增加了阻力，也使结构与工艺复杂化了。如果将张紧链轮改为没有链齿的轮，或是将张紧轮改为类似辅轮转向壁一样的，但可以在滑槽中滑动的转向机构，同样都可起到张紧与改向的作用，我国生产自动扶梯的企业已经采用了这些结构。

中间驱动的自动扶梯没有张紧链轮和牵引链轮，因而自动扶梯的上下端设置有与辅轮转向壁作用相同的主轮转向壁。这种主轮转向壁由两个约 1/4 圆弧段的导轨所组成，其中一个为可摆动导轨，这种结构的自重较轻。

2.2.6 扶手系统

扶手装置是供站立在自动扶梯梯路上的乘客扶手用的。自动扶梯自从有了扶手之后，才真正进入实用阶段。自动扶梯的活动扶手有如电梯中的安全钳一样，是重要的安全设备。扶手装置由扶手驱动系统、扶手胶带、栏杆等组成。扶手装置是装在自动扶梯梯路两侧的两台特殊结构形式的胶带输送机。

自动扶梯在空载情况下，能源主要消耗于克服梯路系统的运行阻力和扶手系统的运行阻力。其中空载扶手运行阻力占空载总运行阻力的 80% 左右。由此可知，减少扶手运行阻力，尤其是空载运行阻力，可以大幅度地降低能源消耗。

常用的扶手系统有两种结构形式：一种是传统使用的摩擦轮驱动形式，另一种是压滚驱动形式。

1. 摩擦轮驱动扶手系统

（1）小提升高度自动扶梯的摩擦轮驱动扶手系统

扶手胶带围绕若干组导向滚柱群、进出口的改向滚柱群及特种形式的导轨构成闭合环路的扶手系统线路。扶手与梯路由同一驱动装置驱动，并应保证两者速度基本相同，其差值不能大于 2%。这种扶手系统采用手动的张紧装置，其特点是结构紧凑，但张紧行程小，要求扶手胶带延伸率小。

（2）大、中提升高度自动扶梯扶手系统

扶手胶带围绕主动滑轮、偏斜滑轮、支撑滚柱群以及特种形式导轨等形成闭合环路，同样由梯路驱动装置获得动力。扶手胶带的张紧则由在下分支增加的中间迂回环路来实现。由于在上下出入口处的扶手胶带及扶手滑轮要求位于同一垂直平面内,所以扶手胶带绕过迂回环路后,必须再回到原来的平面之内。为使扶手胶带绕过迂回环路时不与主环路相碰,中间迂回环路的动滑轮应偏斜安置,动滑轮与张紧重锤相连。这种结构的动滑轮与定滑轮间的扶手胶带扭角大,因而扶手胶带磨损较快。

由上述两种结构可知:驱使扶手胶带运动是依靠驱动滑轮与扶手胶带间的摩擦力,而要形成足够的摩擦力,必须借助张紧装置使扶手胶带保持一定的张力。当摩擦力不足以驱动而导致扶手胶带打滑时,由于构造上的原因,驱动轮的包角不能再增加,因而只能再增加压带装置来加大摩擦力,这将使结构变得复杂。上述扶手系统由于扶手胶带要进行多次弯曲和反复弯曲,多次经过导向滑轮、导向滚柱组、改向滚柱组,增加了扶手胶带的僵性阻力等,而这些阻力又随扶手胶带的张力增大而增大。此外,扶手胶带经过多次弯曲与反复弯曲,寿命也会受到影响。

2. 压滚驱动扶手系统

这种扶手驱动系统由扶手胶带的上、下两组压滚组成。上压滚组由自动扶梯的驱动主轴获得动力驱动扶手胶带,下压滚组跟随扶手胶带运动,压紧扶手胶带。这种结构的扶手胶带基本上是顺向弯曲,较少反向弯曲,弯曲次数大大减少,减小了扶手胶带的僵性阻力。由于不是摩擦轮驱动,扶手胶带不再需要启动时的初张力,只需装一调整装置以调节扶手胶带长度的制造误差,因而,可以大幅度减小运行阻力,同时,也可增加扶手胶带的使用寿命。测试结果表明:这种结构形式较摩擦轮驱动形式的运行阻力减小约一半。

一般应用的压滚驱动系统是上压滚固定并传递动力,下压滚活动,用弹簧压紧。另一种结构是将传递动力的上压滚装在活动板上,可垂直滑动;而将起压紧作用的下压滚装在固定板上,使其固定。这种结构的特点是传递动力的上压滚增加了对扶手胶带的压力,从而增加了驱动功率。

3. 扶手胶带

扶手胶带是一种边缘向内弯曲的橡胶带。按照内部衬垫不同分为:

① 多层织物衬垫扶手胶带,这种结构延伸率大。

② 织物夹钢带扶手胶带,这种结构在工厂里做成闭合环形带,无须工地拼接,延伸率小。缺点是钢带与橡胶织物间脱胶时,钢带会在扶手胶带内隆起,甚至戳穿帆布造成扶手胶带损坏。

③ 夹钢丝绳织物扶手胶带,这种结构在织物衬垫层中夹一排细钢丝绳,既增加扶手胶带的强度,又可以控制扶手胶带的伸长。这种扶手胶带在工厂里做成闭合环形,无须工地拼接。

2.2.7 金属骨架

自动扶梯金属结构的作用在于安装和支撑自动扶梯的各个部件,承受各种载荷以及将建筑物两个不同层高的地面连接起来。端部驱动及中间驱动扶梯的梯路、驱动装置、张紧装置、导轨系统及扶手装置等安装在金属结构的里面和上面。

小提升高度自动扶梯的金属结构通常由三段组成,即驱动段、张紧段以及中间段。中间段可以分为标准段与非标准段。三段拼装成金属结构整体,两端支撑在建筑物的不同层高之上。当提升高度 $H \leqslant 6$ m 时,采用双支座;当 $H > 6$ m 时,则设置三个或三个以上的支座,以保证金属结构有足够的刚度。

大、中提升高度自动扶梯的金属结构常由多段结构组成。除驱动段和张紧段外,还有若干中间结构段。中间结构段的下弦杆的节点支撑在一系列的水泥墩上,形成多支撑结构。

自动扶梯金属结构既可以是桁架式的,也可以是板梁式的。目前常用的是桁架式的,采用在建筑物结构中常用的工字钢取代桁架即为板梁式的。由于工字钢上面的空间可以容纳全部扶手系统的有关部件,因而缩小了总宽尺寸。横向刚性及抗扭刚性都有很大的提高,同时,具有优良的抗震性能。

为了避免自动扶梯金属结构和建筑物直接接触,以防振动与噪声的传播,在支撑金属结构的支座下衬以减振金属片,将金属结构与建筑物隔离开来。金属结构与地面之间的空隙用弹性填充物来填满。减振金属板旁边垂直放置的隔离板可以防止填充物进入金属结构的支撑角钢处。

2.2.8 电气控制系统

自动扶梯是一种连续输送机械,其电气控制系统与电梯电气控制系统的区别主要体现在:

① 自动扶梯基本上不带载启动。
② 自动扶梯的运行速度保持不变。
③ 自动扶梯不频繁启动和制动,无加减速度问题。
④ 自动扶梯正常运行时不需要改变运行方向。
⑤ 自动扶梯无开关门系统。
⑥ 自动扶梯不需要考虑其运行位置及运行状态。

因此,自动扶梯的电气控制系统相对电梯来说要简单得多。

目前,已经广泛使用由可编程控制器及微型计算机所控制的自动扶梯电气控制系统。这样,自动扶梯的运行状况及故障数据可以简单明了地被检测出来,极大地方便了检修维护工作,并缩短了故障排除时间,特别是可以接入自动扶梯的远程监控系统。

2.2.9 安全装置

自动扶梯常设多种安全装置,一般可以分为两大类:一类是必备的安全装置,另一类是辅助的安全装置。

1. 必备的安全装置

(1) 工作制动器

工作制动器是自动扶梯正常停止时使用的制动器。一般采用块式制动器、带式制动器或盘式制动器。这类制动器应持续通电,保持正常释放打开,在制动电路断开后,制动器应立即制动。这种制动器也称为机电一体式制动器。

(2) 紧急制动器

紧急制动器是在紧急情况下起作用的。在驱动机组与驱动主轴间采用传动链条进行连接时,应该设置紧急制动器。为了确保乘客的安全,即使提升高度在 6 m 以下,也应设置。

(3) 速度监控装置

自动扶梯或人行道在超过额定速度或低于额定速度时都是危险的。如果发生上述情况,速度监控装置应能切断自动扶梯和自动人行道的电源。

(4) 牵引链条伸长或断裂保护设备

除了机械保护外,在张紧装置的张紧弹簧端部装设开关,当牵引链条由于磨损或其他原因而过长时即可碰到开关,切断电源,使自动扶梯停止运行。

(5) 梳齿板保护装置

如图 2-27 所示,在梳齿板下方装一斜块,斜块之前装一开关,当乘客的伞尖、高跟鞋后跟或其他异物嵌入梳齿后,梳齿板向前移动。当移到一定距离时,梳齿板下方的斜块撞击开关,切断电源,自动扶梯立即停止运转。斜块和开关间的距离用安装在梳齿板下的螺杆进行调节。

(6) 扶手胶带入口防异物保护装置

扶手胶带在端部下方入口处常常发生异物夹住事故,孩子的手也容易被夹住,因此应安装防异物保护装置,如图 2-28 所示。

(7) 梯级下陷保护装置

梯级是运载乘客的重要部件,如果损坏是很危险的。在梯级损坏而塌陷时,应有保护措施。在梯路上下曲线段处各装一套梯级塌陷保护装置,如图 2-29 所示。在梯级辅轮轴上装一角形件,另在金属结构上装一立杆,与一六方轴相连,其下为开关。当梯级因损坏而下陷时,角形杆碰到立杆,六方轴随之转动,碰击开关,自动扶梯停止运转。排除故障后,六方轴复位,自动扶梯重新运转。

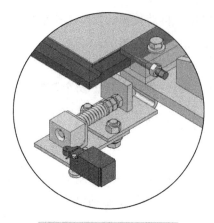

图 2-27 梳齿保护装置

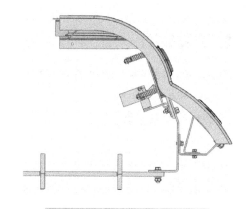

图 2-28 扶手入口保护装置

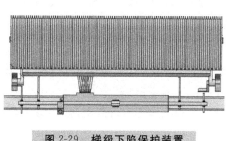

图 2-29 梯级下陷保护装置

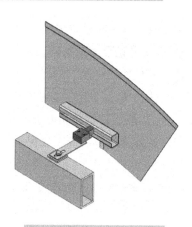

图 2-30 裙板保护装置

(8) 裙板保护装置(图 2-30)

自动扶梯正常工作时,裙板与梯级间保持一定间隙,单边为 4 mm,两边之和为 7 mm。为保证乘客乘行自动扶梯的安全,在裙板的背面安装 C 形钢,离 C 形钢一定距离处设置开关。当异物进入裙板与梯级之间的缝隙后,裙板发生形变,C 形钢也随之移动,到达一定位置后,碰击开关,自动扶梯立即停止运转。

(9) 梯级间隙照明装置(图 2-31)

在梯路上下水平区段与曲线区段的过渡处,梯级在形成阶梯或在阶梯的消失过程中,乘客的脚往往踏在两个梯级之间而发生危险。为了避免上述情况的发生,在上下水平区段的梯级下面各安装一个绿色荧光灯,使乘客经过该处看到绿色荧光灯时,及时调整在梯级上站立的位置。

第 2 章 电梯和扶梯的基本结构与功能

图 2-31 梯级间隙照明装置

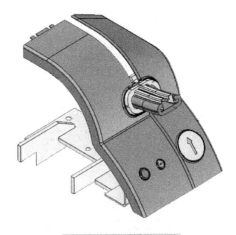

图 2-32 急停按钮

（10）电机保护

当超载或电流过大时，开关自动断开使自动扶梯停止运转。在充分冷却后，断开装置自动复位。直接与电源连接的电动机应进行短路保护，该电动机应采用手动复位的自动开关进行过载保护，该开关应切断电动机所有供电电源。

（11）相位保护

当电源相位接错或相位脱开时，自动扶梯应不能运行。

（12）急停按钮

在扶手盖板上装有一个红色紧急开关，其旁边装有钥匙开关，可以按要求打开，如图 2-32 所示。紧急开关装在醒目而又容易操作的地方。在遇到紧急情况时，按下开关，即可立即停止运转。

（13）非操纵逆转保护装置

该装置应该在梯级改变规定运行方向时动作，使自动扶梯自动停止运行，重新启动后方能改变运行方向。

（14）裙板上的安全刷

为防止梯级与裙板之间夹住异物，如伞尖等，除上述安全措施外，某些国家和地区还要求有安全刷。将若干安全刷安装在裙板上，刷子上带油，乘客因怕弄脏裤脚而离开裙板站立，从而消除被夹住的危险。

（15）扶手胶带同步监控装置

扶手胶带正常工作时应与梯级同步。如果相差过大，作为重要的安全设施的活动扶手就会失去意义，特别是在扶手胶带过慢时，会将乘客的手臂向后拉。为此，可设置扶手胶带监控装置。

（16）梯级遗失监控装置

通过装设在驱动站和转向站的装置检测梯级或踏板的缺失，并应在缺口（由梯级或踏板缺失而导致的）从梳齿板位置出现之前停止。

（17）活动盖板打开监控装置

在检修盖板和楼层板下方设置盖板打开监控装置，当打开金属骨架区域的检修盖板和（或）移去或打开楼层板时，不能启动自动扶梯。

2. 辅助的安全装置

（1）辅助制动器

在自动扶梯停止运转时起保险作用，尤其在满载下降时，作用更显著。

（2）机械锁紧装置

在自动扶梯运输过程中，或长期不用时，为了保险起见，按用户的要求可将驱动机组锁紧。

（3）梯级上的黄色边框

梯级是运载乘客的重要部件，为了确保安全，有些国家和地区还要求在梯级上设置黄色边框，以告知乘客只能踏在非黄色边框区域从而确保安全。

思考题

1. 电梯及自动扶梯各由哪几大系统组成？谈谈你对各系统功能的认识及理解。
2. 电梯安全保护装置有哪些？它们各自的保护范围是什么？
3. 自动扶梯有哪些安全保护装置？它们都是针对哪些风险的防范？

第 3 章 电梯和扶梯故障诊断与维修常用工具介绍

电梯是多层建筑的垂直运输设备,它有一个轿厢和一个对重,用钢丝绳连接,经电动机驱动的曳引轮带动,沿垂直的导轨上下运动。电梯安装在仓库、车站、码头、医院、办公大楼、宾馆、饭店及居民住宅楼等。电梯是机电合一的大型机电产品,它的机械部分相当于人的躯体,电气部分则相当于人的大脑神经系统。

电梯的正常运行,离不开电梯维修人员的维护。作为电梯维修人员,首先要充分了解及严格按照电梯维修的安全规程来进行维修,并要经常宣传安全用梯的知识,将安全放在第一位。同时,还要充分掌握电梯的维修技能以及机械、动力、控制等相关技术。电梯的动力及控制是用电来完成的,因此,维修人员要充分掌握电气维修常用仪器、仪表、机械量具的使用方法。

3.1 电气测量仪器仪表

3.1.1 示波器

目前电梯的控制单元大量地使用电子电路,示波器是用来测试电子电路电压波形的仪器,也可测试出电压的峰值、周期等。

1. 功能

这里以 MATRIX＜OSCILLOSCOPE MOS-620 型示波器为例进行介绍,其他型号大同小异,请参照使用。MATRIX＜OSCILLOSCOPE MOS-620 型示波器的面板示意图如图 3-1 所示,其面板常用按键、旋钮的功能见表 3-1。

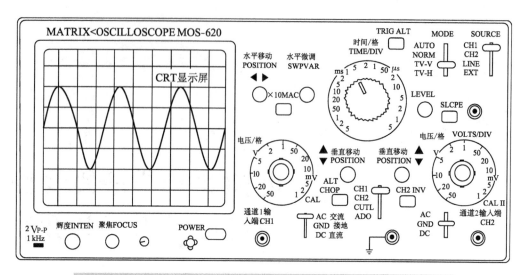

图 3-1 MATRIX＜OSCILLOSCOPE MOS-620 型示波器的面板示意图

表 3-1 示波器面板常用按键、旋钮的功能

序号	英文	中文	作用	效果
1	POWER	电源开关		ON 状态时电源接通 OFF 状态时电源切断
2	CRT	显示屏	显示波形	显示波形
3	FOCUS	聚焦调节	清晰度调节	清晰显示波形
4	INTEN	辉度	亮度调节	使显示波形的明亮度适中
5	CH1、CH2	通道 1、2	接入被测信号	
6	AC GND DC	交流 接地 直流	根据被测信号选择	测量交流信号调至 AC 测量直流信号调至 DC
7	VOLTS/DIV	幅值/刻度	电压/格	
8	CAL Ⅱ	幅值微调		
9	SWPVAR	水平微调		
10	LEVEL	水平同步	波形显示水平稳定	
11	TIME/DIV	扫描时间/格	时间/格	
12	◀▶POSITION	水平位移	调节使波形水平移动	
13	▲▼POSITION	垂直移动	调节使波形垂直移动	
14	×10MAC	水平扩展	波形水平扩展 10 倍	

续表

序 号	英 文	中 文	作 用	效 果
15	SOURCE	外触发输入端子 触发源选择	通道 CH1 通道 CH2 LINE EXT	测量波形时常选用 CH1
16	MODE	触发方式	自动 AUTO 常态 NORM 电视场 TV-V 电视行 TV-H	测量波形时常选用 TV-V
17	CAL($2V_{P-P}$ 1 kHz)	方波信号源	固定信号、基准电压	校对示波器使用的方波信号为 1 kHz、2 V

2. 示波器的使用方法

① 熟悉示波器各旋钮、开关的功能和作用。

② 显示水平线:调节 CH1 通道选择开关使之处于 GND,调节辉度旋钮 INTEN 和聚焦旋钮 FOCUS。

③ 显示方波:调节 CH1 通道选择开关使之处于 AC;调节 SOURCE 开关使之处于 CH1;调节 MODE(下部)开关使之处于 CH1;调节 MODE 开关使之处于 TV-V;调节 VOLTS/DIV开关,调至 1 V/DIV;调节 TIME/DIV 开关,调至 1 ms/DIV;将信号线接入 CH1 插孔,将信号端连接到 CAL($2V_{P-P}$ 1 kHz)信号源,检查无误后将显示出方波信号,通过换算得出信号的幅值、周期和频率。

④ 读出信号的周期和电压值。

信号的周期=方格数×周期标度/周期放大倍数(水平方向)

信号的电压=方格数×幅值标度×指针衰减数/增益倍数(垂直方向)

3. 注意事项

① 示波器使用前一定要校准,否则测量值不准确。

② 注意电压(有效值)峰值与峰-峰值之间的区别。

③ 电压(频率)值不能以信号发生器或电子实训台上的显示值为准,而应以示波器测量的读数为准。

3.1.2 万用表

万用表是电梯安装维修中常用的电气测量仪表,因测量范围广而被广泛使用。一般万用表用来测量电压、电流、电阻,有的万用表还可以测量电感、电容、晶体管的电流放大倍数等。万用表分为指针式和数字式两大类。

1. 指针式万用表

如图 3-2 所示,指针式万用表是具有多种用途和多个量程的直读式仪表,用来测量交、直流电压和电流及电阻等。正确、安全使用万用表,应注意以下事项:

(1) 接线柱的选择

测量之前,首先检查表笔位置是否正确。红表笔应接在标有"＋"的接线柱上,黑表笔应接在标有"－"的接线柱上。测量直流时,红表笔接被测电路的正极,黑表笔接被测电路的负极。如果不知道被测电路的正、负极,可以这样判断:将仪表的转换开关切换到直流电压最大量程,将一支表笔接至被测电路任意一极上,然后将另一支表笔在被测部分另一极上轻轻一碰,并立即离开,观

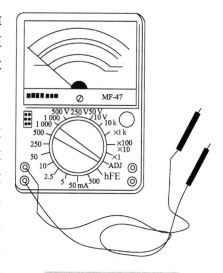

图 3-2 指针式万用表

察仪表指针的转向,若指针正向偏转,则红表笔为正极,黑表笔为负极;反之,黑表笔为正极,红表笔为负极。有些万用表设有交、直流 2 500 V 的高压测量端钮,使用时黑表笔仍接在"－"接线柱上,而将红表笔接在 2 500 V 的接线柱上。

(2) 测量挡的选择

根据测量对象,将切换开关转换到所需要的位置上。例如,需要测量交流电压,将切换开关转换到标有 V 的位置。有些万用表有两个切换开关,一个是改变测量种类的切换开关;另一个是改变量程的切换开关。使用时,先选择测量种类,再选择量程。选择测量种类时,要小心谨慎,测量前应核对无误后,方可进行测量,否则会烧毁仪表。

(3) 正确选择量程

在用万用表进行测量之前,首先应对被测量的范围有一个大概的估计,然后将量程切换开关旋至该种类区间的适当量程上。例如,测量 220 V 交流电压时,就可选用 250 V 量程挡。如果被测量的范围不好估计,可先由大量程挡向小量程挡处进行切换,应使被测量的范围在仪表指针指在满刻度的 1/2 满量程以上。

(4) 正确读数

万用表标度盘上有许多条标度尺,分别用于不同的测量种类,测量时要在相应的标度尺上读取数据。万用表的标度盘如图 3-3 所示。

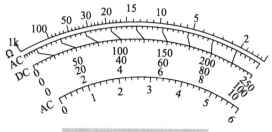

图 3-3 万用表的标度盘

标有"DC"或"−"的标度尺为测量直流时使用。标有"AC"或"～"的标度尺为测量交流时使用(有些万用表的交流标度尺用红色标出)。交流和直流的标度尺合用读数时,就得另用一些斜短线将交流标度尺与直流标度尺相对应的标度连起来。读数时要注意的是,测量低压交流的标度尺一般位于标度盘的下方,此时读数比较准确。

(5) 正确使用欧姆挡

测量电阻时应使用不同的倍率。测量过程中仪表的指针越靠近标度尺的中心部分,读数越准确。一般可以比较清晰地读出中心阻值的 20 倍。例如,某万用表"$R×1$"挡的中心值为 12 Ω,它的 20 倍约为 250 Ω,在这个数值以下可以清楚地读数,再大就不准确了,必须另选合适的量程。测量之前,使两表笔相碰,调整旋钮,使指针指向零位。测量时,指针读数×倍率,即为电阻值。倍率有 $R×1$、$R×10$、$R×100$、$R×1k$、$R×10k$ 几种。例如,挡位在倍率 $R×10$ 时,指针指在"30",则电阻值为 30 Ω×10＝300 Ω。

注意:测量电阻之前,选择适当的倍率挡后,首先将两表笔相碰使指针指在零位。如果指针不在零位,应调节"调零"旋钮,使指针指在零位,以保证测量结果的准确性。若调整"调零"旋钮,指针仍不能指在零位,则说明电池的电压过低,应更换新电池。不允许带电测量,即在测量某一电路的电阻时,必须切断被测电路的电源。因为测量电阻的欧姆挡是由干电池供电的,带电测量相当于接入一个外加电压,不但会使测量结果不准确,而且可能烧坏表头。不允许用万用表的电阻挡直接测量微安表表头、检流计、标准电池等仪表或仪器的内阻。

(6) 安全操作要点

使用万用表进行测量时要注意人身和仪表设备的安全。一般测量时都用手拿住表笔进行测量,不得用手触摸表笔的金属部分;否则不仅会影响测量的准确性,而且还会有触电的危险。

(7) 电流的测量

电流的测量需要将表串联在电路中,先估计电流的大小,再选择电流的挡位。另外,被测电路是交流时选择交流挡位,是直流时选择直流挡位。

注意:无交流电流挡位的万用表不能直接测量交流电流。测量直流电流时,红表笔为电流进线端,黑表笔为电流出线端。

(8) 电压的测量

确定电压挡位,即由被测电压是交流或直流及其高低来确定挡位——电压量程(量程:表针摆到头,指示的电压值即为此挡位的量程)。若不了解被测电压的高低,应先使用最大量程,由测量结果向下调,当表针指在表盘 1/3 至中部时,测量数值较为准确。

2. 数字式万用表

数字式万用表具有测量精度高、显示速度快、体积小、重量轻、耗电省、能在强磁场区使用等优点,因此得到了广泛的应用。如图 3-4 所示为 DM-100 型数字式万用表的面板。

(1) 面板的布置

面板上有电源开关、量程开关、测量状态开关、显示器等。

电源开关能实现 PNP 和 NPN 型晶体管的选择功能,测量电流增益 hFE 时,对于 PNP 型管,开关置于中间位置;对于 NPN 型管,开关置于右端。其他测量状态下,该开关无影响。测量完毕后此开关应置于 OFF 位置。

显示器采用液晶显示器,最大指示值为 1999。当被测信号的指示值超过 1 999 或 －1 999 时,在靠左边的位置上显示(1)或(－1),表示已超出测量范围。

对于测量状态开关,它可用于选择测量直流电压、交流电压、直流电流、电阻的功能。而量程开关,可根据被测信号的大小,选择合适的量程。

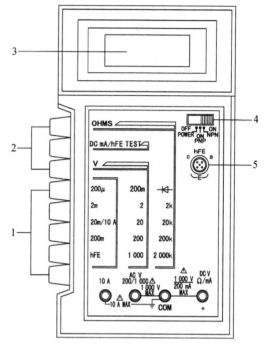

1-量程开关　2-测量状态开关　3-显示器
4-电源开关　5-hFE 测试插座

图 3-4　DM-100 型数字式万用表的面板

hFE 测试插座用来测试 PNP 与 NPN 型晶体管。插座上标有 B、C、E 三个插孔,小型晶体管可直接插入测试。

面板上有四个输入被测信号的端子。黑色测试表笔总是插入公共的"COM"端子,红色测试表笔通常插入"＋"端子,当测量交流电压时,需将红表笔插入"AC V"端子。当被测直流电流大于 200 mA 时,需将红色表笔插入"10 A"端子。

(2) 测量方法

测量直流电压时,把红表笔接"＋"端子,黑表笔接"COM"端子,电源开关置于"ON",按下"V"状态开关。按照被测电压的大小,选择合适的量程开关,将表笔接到被测电路两端即可。测量交流电压时,把黑表笔接"COM"端子,红表笔接到"AC V"端子,电源开关置"ON",按下"V"状态开关,再根据被测交流电压大小,在 200 V 或 1 000 V 中间选择一个量程开关。测量直流电流时,把黑表笔接到"COM"端子,红表笔接到"＋"端子,电源开关置于"ON",按下"DC mA"状态开关,按照被测电流大小,选择合适的量程开关,将表笔接入被测电路,显示器就有指示。被测电流超过 200 mA 时,红表笔应插入"10 A"端子,量程开关选 20 mA/10 A 挡。测量电阻时,把红表笔插入"+"端子,黑表笔插入"COM"端子,电源开关置于"ON",按下"OHMS"挡,电源开关置于"ON",按下量程开关,将表笔接到二极管两端。当正向检查时,二极管应有正向电流流过,若二极管良好,应显示一定值,其正向压降的电流值等于显示值乘以 10。例如,好的硅二极管正向压降的电流值为 400～800 mA,如果显示 70,则正向压降的电流值近似为 700 mA。如果被测二极管是坏的,则显示"000"(短路)或"1"(开路)。当反向检查时,若二极管是好的,则显示"1";若二极管是坏的,则显示"000"或其他。测量 hFE 时,测 PNP 型晶体管,应将电源开关置于中间的"ON"位置,按下 DC mA/hFE TEST 状态开关和 hFE 量程开关,将晶体管三个极对应地插入 E、B、C 孔中,显示器即显示出被测管的 hFE 值。

(3) 注意事项

装入电池时电源开关应置于"OFF"位置。测量前应选好状态开关和量程开关所应处的位置。改变测量状态和量程之前,测试笔不要接触被测物。万用表不要在能产生强大电气噪声的场合中使用,否则会引起读数误差或不稳定现象。测量完毕后,电源开关应置于"OFF"位置。

3.1.3 钳形电流表

钳形电流表是测量交流电流的携带式仪表,其结构如图 3-5 所示。

它可以在不切断电路的情况下测量电流,因此使用方便。但只限于在被测电路的电压不超过 500 V 的情况下使用。

1. 正确选用种类

钳形电流表的种类和形式很多,有 T-301 型钳形交流电流表和 MG24 型袖珍式钳形电流表,还有 MG21、MG22 型的交、直两用的钳形电流表等。在进行测量时,应根据被测对象的不同,选择不同形式的钳形电流表。如果仅测量交流电流,可以选择 T-301 型钳形电流表。若使用其他形式的钳形电流表,应根据测量的对象将转换挡位开关拨到需要的位置。

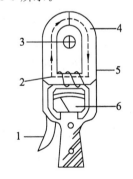

1-手柄 2-二次线圈 3-被测导线
4-互感器 5-铁芯 6-电流表

图 3-5 钳形电流表的结构

2. 正确选用量程

钳形电流表一般通过转换开关改变量程。测量前,对被测电流进行粗略的估计,选择适当的量程。如果被测电流无法估计,应将钳形电流表的量程放在最大挡位,然后根据被测电流指示值,由大变小转换到合适的挡位。切换量程挡位时,应在不带电的情况下进行,以免损坏仪表。

3. 注意事项

① 测量交流电流时,应使被测导线位于钳口中部,并使钳口紧密闭合。

② 每次测量后,要把调节电流量程的切换开关放在最高挡位,以免下次使用时,因未选择量程就进行测量而损坏仪表。

③ 测量 5 A 以下电流时,为得到较准确的读数,在条件许可时,可将导线多绕几圈放进钳口进行测量,所测电流数值除以钳口内的导线根数即为导线电流值。

④ 测量时,操作人员应与带电部分保持安全距离,以免发生触电危险。

3.1.4 携带式绝缘电阻表

绝缘电阻表用于测量各种变压器、电机、电器、电缆等设备的绝缘电阻,如图 3-6 所示。绝缘电阻表一般由手摇发电机及磁电系双动圈比率计组成。而晶体管绝缘电阻表是由高压直流电源及磁电系双动圈比率计或磁电系电流表组成的。

电梯是额定电压为 500 V 以下的电气设备,一般选用 250~500 V 的绝缘电阻表。而额定电压在 500 V 以上的电气设备,应选用 500~1 000 V 的绝缘电阻表;额定电压在 500 V 以下的绝缘线圈,应选用 500 V 的绝缘电阻表。有些绝缘电阻表的标尺,不是从"0"开始,而是从 1 MΩ 或 2 MΩ 开始的,这种绝缘电阻表不适宜测量潮湿场所低压电气设备的绝缘电阻,当这些电气设备的绝缘电阻低于 1 MΩ 时,将得不到正确的读数。

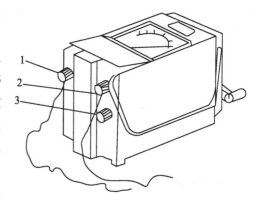

1-线路端 L　2-接地端 E　3-屏蔽端 G

图 3-6　携带式绝缘电阻表

使用绝缘电阻表时,应注意以下事项:

① 测量前应正确选用电阻表的测量范围,使其额定电压与被测电气设备的额定电压相适应。

② 绝缘电阻表应水平旋转,并应远离外界磁场。

③ 使用电阻表专用的测量导线或绝缘强度较高的两根单芯多股软线,不应使用绞形绝缘软线或其他导线。

④ 测量前,应对绝缘电阻表进行开路试验和短路试验。所谓开路试验,就是在绝缘电阻表的两根测量导线不接触任何物体时,转动手柄,仪表的指针应指在"∞"的位置。而短路试验,是指将两极测量导线迅速解除的瞬间(立即离开),仪表的指针应指在"0"的位置。

⑤ 被测的电气设备必须与电源断开。在测量中禁止他人接近设备。

⑥ 对于电容性的电气设备,如电缆、大功率的电机、变压器和电容器等,测量前必须将被测的电气设备对地放电。

⑦ 测量前,应先了解周围环境的温度和湿度。当湿度过大时,应使用屏蔽线。测量时应记录温度,便于事后对绝缘电阻进行分析。

⑧ 使用绝缘电阻表时,接线必须正确。绝缘电阻表的"线路"或标有"L"的端子,用于接被测设备的相线;"接地"或标有"E"的端子,用于接被测设备的地线;"屏蔽"或标有"G"的端子,用于接屏蔽线,可以减小因被测物表面电流泄露而引起的误差。

⑨ 测量时,顺时针摇动绝缘电阻表的摇把,使转速逐渐增加到 120 r/min,待调速器发生滑动后,即可得到稳定的读数,一般读取 1 min 后的稳定值。

⑩ 测量电容性电气设备的绝缘电阻时,应在得到稳定读数后,先取下测量导线再停止摇动摇把,测完后立即对被测电气设备进行放电。

3.1.5 半导体温度计

目前,我们生产的温度计的品种、型号、式样较多,常用的有 0~100 ℃、0~400 ℃,且有数字显示、指针显示两种。TH-80 型互换半导体温度计是应用热敏电阻的一种小的圆珠型半导体,它与水银温度计相比较,有较高的灵敏度和较短的时间常数,测定方法简单。

半导体温度计专用于测定固体的表面温度,也可以浸入多种液体中测定温度。使用时应注意以下事项:

① 使用前,开关应在"关"或"0"的位置,调准表头指针于零位。

② 将开关拨至"校"或"1"的位置,转动"满度调节"旋钮使电表指针恰至满刻度位置。

③ 将开关拨至"测"或"2"的位置,即可测量温度。测量时将探头接触到被测物上。

④ 若发现满刻度调节不能使电表指针指到满刻度,应更换电池。电池极性不得接反。

⑤ 测温探头所需元件是用玻璃制造的,使用时应注意轻轻接触被测物体,以免损坏。

⑥ 使用完毕后必须将开关拨至"关"或"0"的位置,以免影响测量元件(热敏电阻)的使用寿命。

3.1.6 手持式转速表

转速表是电梯安装和日常维修保养工作中必不可少的测量仪表。常用转速表的型号有 HT-331 型、ZS-840 型和 HT-441 型。HT-331 型转速表为数字式转速表（图 3-7），可以握在手上使用，按下开关即可测量转速，以数字显示。测量时，把测试头压紧到旋转轴中心孔内，即可测出正确的转速，测速表的测量周期为 1 s，可连续测定。

1. 各部件名称及作用

① 电源开关：按下该开关即可进行测量。

② 传感轴：检测旋转信号的传感器轴，在轴端安装测试头，将测试头压在旋转轴端的中心孔内。

③ 转速显示器：测量结果以转速（r/min）直接显示出读数来。

④ 最低电压指示灯：该指示灯亮时说明电池应更换。

2. 测定方法

首先在传感器轴上装上测试头，然后按下电源开关，将测试头压在被测旋转轴的中心孔内（注意安全，千万不要打滑），并保持测试头与轴同心，测试 1 s 后即可显示出转速。将测试头换成圆周速度测试环即可直接读出圆周速度。例如，使用 KS-100 型的读数范围是 0～9 999 mm/s；使用 KS-200 型的读数范围是 0～9 999 m/min。

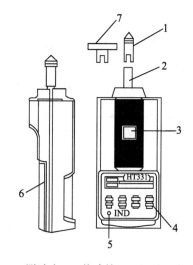

1-测试头　2-传感轴　3-电源开关
4-转速显示器　5-最低电压指示灯
6-电池盖　7-测试环

图 3-7　HT-331 型数字式转速表

如果电池使用时间太久，电压将下降，显示数据就会暗淡，这时需要更换新电池（此时最低电压指示灯亮）。更换电池时，应打开电池盖，将新的 4 节 5 号干电池按规定的极性装好，然后关上电池盖即可。

若测试头磨损，将引起测量误差，需要更换新测试头。更换新测试头时，将测试头的槽对准测定轴上的定位销插入即可。

转速表的保存温度为 20 ℃～60 ℃，使用完毕后应放在阴凉、干燥、通风良好的地方。长期不用时，必须将电池取出。

3.1.7　声级计

声级计是噪声测量中最常用的、最简便的声音测量仪器。它可以用来测轿厢内、机房中、电动机、曳引机等设备噪声的声压级、声级以及隔音效果，如图 3-8 所示。

第3章 电梯和扶梯故障诊断与维修常用工具介绍

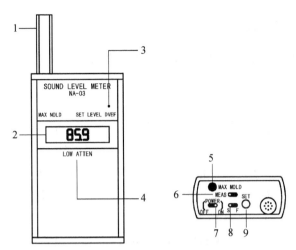

1-传声器 2-显示器 3-声级过载指示 4-电池检查指示 5-最大值保持开关
6-功能选择开关 7-电源开关 8-动态特性(快、慢)选择开关 9-声级设定电位器

图 3-8 HS5633型数字式声级计

声级计是由传声器、放大器、衰减器、检波器、显示器及电源等组成的。HS5633型数字式声级计,是由液晶显示器显示测量结果的,具有现场声学测量的全部功能。其特点是:除能进行一般的声级测量外,还有能保持最大声级和设定声级测量范围的功能,并具有电池检查指示功能。

1. 使用前的准备工作

拧松底盖螺钉,拉开连接电池盒的拉扣,取出电池盒,按电池盒标记的极性装好电池,放入电池盒并连接拉扣,关上电池盖板,拧紧螺钉。

2. 噪声的测量

接通电源开关,把动态特性选择开关置于"F(快)"或"S(慢)"位置,将功能选择开关置于"MEAS"。显示器上的读数即测量结果。如果要测量最大声级,按一下最大值保持开关,显示器上会出现箭头符号并保持在测量器件内的最大声级数。

测量时用压力型传声器,必须使传声器与噪声传播方向平行或采用90°入射以保证测量准确。

测量中,应减小测试者对声场的干扰。对于小型机械设备(表面边长小于300 mm),测点距离设备表面300 mm;中型机械设备(表面边长300~1 000 mm),测点距离设备表面500 mm;大型设备,测点距离设备表面1 000~5 000 mm,并要求距地面高度为500 mm。如有风力或其他直射干扰,要带防风球。

3.1.8 接地电阻测量仪

接地电阻测量仪主要用于直接测量各种接地装置的接地电阻和土壤电阻率。其形式较多,使用方法也不尽相同,但基本原理是一样的。常用的国产接地电阻测量仪有 ZC-8 型、ZC-29 型等。

ZC-8 型接地电阻测量仪由高灵敏度检流计、手摇发电机、电流互感器和调节电位器等组成。当手摇发电机摇把以 120 r/min 转动时,发电机便产生 90~98 Hz 的交流电流。电流经电流互感器一次绕组、接地极、大地和探测针后回到发电机。电流互感器产生二次电流使检流计指针偏转,调节电位调节器,使检流计达到平衡。该表量程有:1~10~100 Ω 和 0~10~100~1 000 Ω 两种。

ZC-29 型接地电阻测量仪,主要用于测量电气接地装置和避雷接地装置的接地电阻。当该表测量范围为 0~10 Ω 时,最小分度值为 0.1 Ω;当测量范围为 0~1 000 Ω 时,最小分度值为 10 Ω。当测量范围为 1~100 Ω 时,辅助接地棒的接地电阻不大于 2 000 Ω;当测量范围为 0~1 000 Ω 时,辅助接地棒的接地电阻不大于 5 000 Ω,对测量均无影响。测量时,先将电位探测针 P、电流探测针 C 插入地中,使接地极 E 与 P、C 成一条直线,并相距 20 m,P 位于 E 与 C 之间;再用专用测量导线将 E、P、C 与表上相应接线柱分别连接,如图 3-9 所示。测量前应将被测接地引线与设备断开。

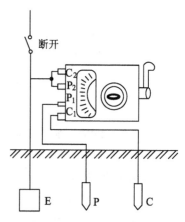

图 3-9 接地电阻的测量

摇测时,先将表放于水平位置,检查检流计的指针是否在中心线上,否则应用零位调整器把针调到中心线上。然后,将表"倍率标度"置于最大倍数,缓慢摇动发动机摇把,同时旋动"测量标度盘",使指针在中心线上。用"测量标度盘"的读数乘以"倍率标度"倍数,得数即为所测的电阻值。

3.1.9 电流表

常用的电流表为直读式,从结构类型上可分为电磁式、磁电式两种。其中,电磁式电流表的表头结构简单,价格便宜,测量精度较低,常用于电流较大的生产现场。电流表的外形如图 3-10 所示。

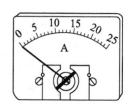

图 3-10 电流表

磁电式电流表的用途广泛,用于仪器、仪表、现场的电流测量。测量电流时,根据电流的大小、方向将表串入被测电路,直流电流表的测量连接端分为"+""-"极,"+"极接电流进入点,"-"极接电流流出点,否则电流表指针会反偏。

测量电流较大的电路时,即被测电路电流大于电流表的量程(满偏刻度)时,电流表要采用并联"分流电阻"进行分流,分流电路如图3-11所示。例如,表的量程 $I_0=0.05$ A,表的内阻 $R_0=0.05$ Ω,被测电流为1.5 A,表的量程需为 $I=2$ A,要并联的分流电阻 R_A 可通过下列计算得出:

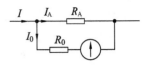

图3-11 电流表分流电路

因为 $I_0 R_0 = I_A R_A = (I-I_0)R_A$,则

$$R_A = \frac{I_0}{I-I_0}R_0 = \frac{0.05 \text{ A} \times 0.05 \text{ Ω}}{2 \text{ A} - 0.05 \text{ A}} = 0.00128 \text{ Ω}$$

通过以上的分析计算,在电流表上并联 0.00128 Ω 的电阻,电流表的量程由原来的 0~0.05 A 扩展为 0~2 A,电流表可测量 0~2 A 范围内的电流。以上的量程扩展也可用于交流电流的测量。

在生产现场负荷较大时多采用交流电(磁电式电流表中加整流器件);被测电流很大时,可配用电流互感器来扩展量程。

例如,电流表的量程多为 0~5 A,若测量电流为 60 A 左右,就应采用电流互感器,如图3-12所示。

比如,一个电流比为 $\frac{150}{5}$ 的电流互感器标注有 $\frac{150}{1}$,$\frac{75}{2}$,…,其意义是:导线穿过互感器1匝,一、二次电流比为 $\frac{150}{5}=30$,即被测电流为 150 A 时,互感器感应出的电

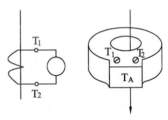

图3-12 电流互感器

流为 5 A;导线穿过互感器2匝,一、二次电流比为 $\frac{75}{5}=15$,即被测电路电流为 75 A 时,互感器感应输出的电流为 5 A。用此方法可对 75 A 以下的电流进行测量,即可按要求测量 60 A 的电路。

3.1.10 电压表

常用的电压表为直读式,类型上磁电式表头应用较多,生产现场可直接连接。对于高供电系统,电压的测量要采用电压互感器变压,并将其与高压系统隔离。电压表的外形如图3-13所示。

磁电式电压表用途广泛,用于仪器、仪表、现场的电压测量。电压测量时,根据电压的大小、方向将表并入被测电路,直流电压表的测量连接端分为"+""−"极,"+"极接电路的高电位端,"−"

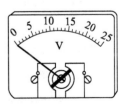

图3-13 电压表

极接电路的低电位端,否则电压表指针会反偏。

电压表一般由 mA 表头或 μA 表头串联电阻构成。

例如,如图 3-14 所示,微安表的满度电流为 $I_0 = 500\ \mu A(0.5\ mA)$,内阻 $R_0 = 500\ \Omega$,用于测量直流电压为 $U_A = 300\ V$ 的电压表,需要串联的电阻 R_A 可通过下列计算得出:

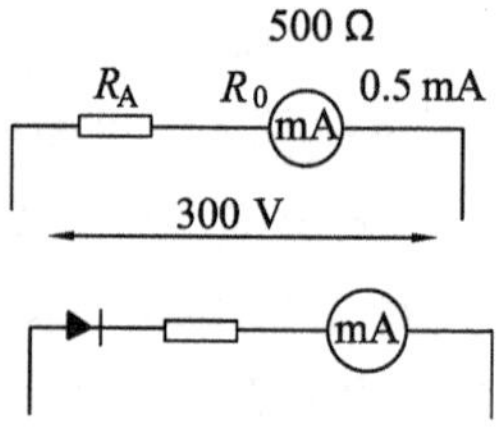

因 $R_A + R_0 = \dfrac{U_A}{I_0}$,则

$$R_A = \dfrac{U_A}{I_0} - R_0 = \dfrac{300\ V}{0.5\ mA} - 500\ \Omega = 599\ 500\ \Omega = 599.5\ k\Omega$$

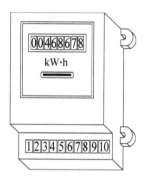

图 3-14 电压表的工作原理

因此,在表上串联 599.5 kΩ 的电阻就构成了一个直流电压表,可作为量程为 0~300 V 的直流电压表使用。

进行交流电压的测量时,还要在电路中串联二极管,修改电压指示的刻度(交流电压测量的读数为有效值)。

3.1.11 电能表

电能表是计量电能的仪表,测量某一时间段内消耗的电能,它是累计表。电能表如图 3-15 所示。用电动式直流电能表测量直流电能,用感应式交流电能表测量交流电能。交流电能表可分为单相电能表和三相电能表。

1. 主要组成

它主要由驱动部件、转动部件、制动部件、计算机构等组成。驱动部件由电压元件和电路元件组成。转动部分的铝圆盘装在驱动部件和制动部件的磁铁间隙中。

图 3-15 三相电能表

2. 工作原理

如图 3-16 所示,当电能表接入被测电路后,被测电路电压 U 加在电压线圈上,被测电路电流 I 加在电流线圈上,产生两个交变磁通,穿过铝盘,分别在铝盘上产生涡流。由于磁通与涡流的相互作用将产生转动力矩,铝盘旋转,带动计数齿轮计数。负载越大,电流 I 越大,磁通越大,转动越快,相同时间内计数越多,这样就测出了实际消耗的电能。制动磁铁

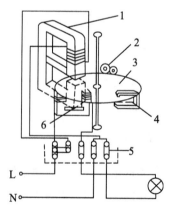

1-电压电磁铁 2-计数齿轮
3-铝制圆盘 4-制动电磁铁
5-接线端子 6-电流电磁铁

图 3-16 单相电能表的工作原理

的磁通也穿过铝盘,铝盘转动时,切割此磁通,铝盘上感应出电流,此电流与制动磁铁的磁通相互作用产生与原转动方向相反的制动力矩,使铝盘的转速达到均匀。制动磁铁还可以校对表的计量精度。

单相电路用单相电能表测量电能,三相电路用三相电能表测量电能,三相四线制电路采用三相三元件电能表,三相三线制电路采用三相两元件电能表。它们的工作原理基本相同,只是在电路结构上采用的元件的数量有所区别。

3.2 电梯常用量具

3.2.1 游标卡尺

游标卡尺是最常用的精密量具,它可以用来测量物体的长、宽、高、深和圆环的内、外径,测量的准确度可达 0.1 mm。游标卡尺的外形如图 3-17 所示。游标卡尺的尺身 D 是一根钢制的毫米分度尺,尺身头上有钳口(也叫外卡)A 和刀口(也叫内卡)A′。卡尺上套有一个滑框,其上装有钳口 B、刀口 B′ 和尾尺 C,滑框上刻有游标 E。当钳口 A 与 B 靠拢时,游标的零线刚好与主尺上的零线对齐,这时的读数为

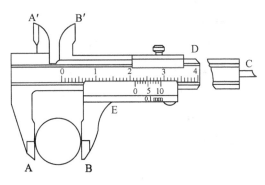

图 3-17　游标卡尺

0。测量物体的外部尺寸时,可将物体放在 A、B 之间,用 A、B 钳口轻轻夹住物体,这时游标零线在尺身上的指示数值就是被测物体的长度。同理,测量物体的内部尺寸时,可以用 A′、B′ 刀口。测量物体上孔的深度时,可以用尾尺 C。

在游标卡尺上读数时,利用游标可以直接读出毫米以下一位小数。在 10 分度的游标中,10 个游标分度的总和刚好与尺身上 9 个最小分度的总长相等,即等于 9 mm,每个游标分度比尺身的最小分度短 0.1 mm。当游标对在尺身上某一位置时,如图 3-17 所示,毫米以上的整数部分 y 可以从尺身上直接读出,即 $y=21$ mm。读毫米以下的小数部分 Δx 时,应细心寻找游标上哪一根线与尺身上的刻度长线对得最准确、最齐。例如,图 3-17 中是第 6 根线对得最齐,要读的 Δx 就是 6 个尺身分度与 6 个游标分度之差。因为 6 个尺身分度之长是 6 mm,6 个游标分度之长是 6×0.9 mm,故 $\Delta x = 6$ mm $-(6\times 0.9)$ mm $= 6\times(1-0.9)$ mm $= 6\times 0.1$ mm $= 0.6$ mm。

同理,如果是第 4 根刻线对得最齐,那么 $\Delta x = 4\times 0.1$ mm $= 0.4$ mm。以此类推,当

第 k 根线对得最齐时，Δx 就是 $k \times 0.1$ mm。这就是 10 分度游标的读数方法，也是游标卡尺的使用方法。

根据上面的关系，对任何一种游标，只要弄清了它的分度数与尺身最小分度的长度，就可以直接利用它来读数。

游标卡尺是常用的精密量具，推动游标时不要用力过大，测量中不要弄伤刀口和钳口，用完后应立即放回盒内，不要随便放在桌上或潮湿的地方。

3.2.2 螺旋测微计

螺旋测微计也叫"外径千分尺"，它是比游标卡尺更精密的仪器，通常用它来测量精度较高的工件，也可测量金属丝的直径和薄板的厚度等，其准确度可达到 0.01 mm。螺旋测微计规格有十多种。

螺旋测微计的主要部分是测微螺旋，如图 3-18 所示。它由一根精密的测微螺杆和螺母套管（其螺距是 0.5 mm）组成。测微螺杆的后端还带一个具有 50 个分度的微分筒。当微分筒相对于螺母套管转过一周时，测微螺杆就会在螺母套管内沿轴线方向前进或后退 0.5 mm。同理，当微分筒转过一个分度时，测微螺杆就会前进或后退 $(1/50) \times 0.5$ mm（即 0.01 mm）。因此，从微分筒转过的刻度就可以准确地读出测微螺杆沿轴线运动的微小长度。为了读出测微螺杆移动的毫米数，在固定套管上刻有毫米分度标尺。

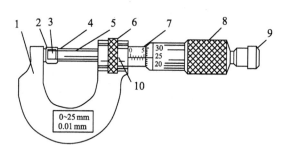

1-尺架　2-测砧测量面　3-待测物体　4-螺杆测量面　5-测微螺杆
6-锁紧装置　7-固定套管　8-微分筒　9-测力装置　10-螺母套管

图 3-18　螺旋测微计

在螺旋测微计上，有一弓形尺架，在它的两端安装了测砧和测微螺杆，它们正好相对。当转动螺杆使弓形尺和测微螺杆测量面 A、B 刚好接触时，微分筒锥面的端面就会与固定套管上的零线对齐。同时微分筒上的零线也应与固定套管的水平准线对齐，这时的读数是 0.000 mm，如图 3-19(a) 所示。用螺旋测微计测量物体的尺寸时，应先将测微螺杆退开,把待测物体放在测量面 A 与 B 之间,然后轻轻转动测力装置,使测杆和测砧的测量面刚好与物体接触,这时在固定套管的标尺上和微分筒端面上的读数就是待测物体的长度。读数时,从标尺上读出整数部分(读到

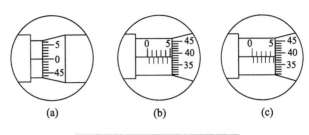

图 3-19 螺旋测微计的读数

0.5 mm),从微分筒上读出小数部分(估计到最小分度的 1/10,即 0.001 mm),然后两者相加,如图 3-19(b)中的读数是 5.383 mm,图 3-19(c)中的读数是 5.883 mm。两者的差别就在于微分筒端面的位置,前者没有超过 5.5 mm,而后者超过了 5.5 mm。

螺旋测微计的规格通常有 0.5 mm 和 1 mm 的,也有 0.25 mm 的。微分筒上的分度也不同,上面三种螺旋测微计的微分筒分度,一般是 50 分度、100 分度和 25 分度。使用测微螺旋以前,应先考查螺杆、螺距和微分筒分度,确定读数关系。

螺旋测微计是精密仪器,使用时先注意以下几点:

① 测量前应检查零点读数。零点读数就是当测量面 A、B 刚好接触时标尺上和微分筒上的读数。如果零点读数不是零,就应将数值记下来,用测出的读数减去这个零点读数。如果零点读数是负值,在测量时同样要减去零点读数(实际上就是加上这个零点读数的绝对值)。

② 测量面 A、B 和被测物体间的接触压力应当微小,旋转微分筒时,必须利用测力装置,它是靠摩擦带动微分筒的,当测杆接触物体时,它会自动滑动。

③ 测完后,应使测量面 A、B 间留出一个间隙,以避免因热膨胀而损坏螺纹。

螺旋测微计使用完后,应擦拭干净并放入盒内,以免锈蚀。

3.2.3 塞尺

塞尺(厚薄规)的用途是测量或检验两平行面的间隙。它的规格有 6 种:100 mm、150 mm、200 mm、300 mm、500 mm 和 1 000 mm,如图 3-20 所示。

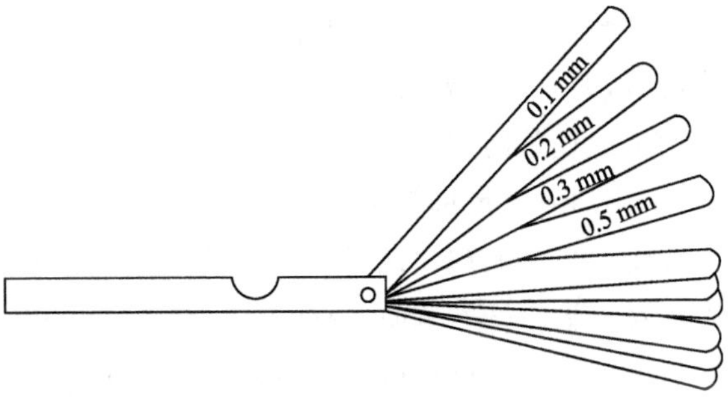

塞尺片厚度由 11~16 种 0.02~1.0 mm 薄厚不同的塞尺组成,最薄的为 0.02 mm,最厚的为 1.0 mm。塞尺的使用有以下要求:

① 塞尺片不应有弯曲、油污现象。

图 3-20 塞尺

② 使用前必须将塞尺片擦拭干净和保持平直。

③ 每次用完必须擦拭防锈油后再存放。

④ 测量的间隙按各片的标志值计算。例如,电梯制动器的闸瓦间隙,根据使用塞入塞尺间隙的片数计算,若有以下值:0.03 mm 一片、0.4 mm 一片、0.02 mm 一片,三片加在一起为 0.45 mm,这部电梯制动器的闸瓦间隙为 0.45 mm。

3.2.4　水平尺

水平尺是检验设备安装的水平位置和垂直位置的一般量具,如图 3-21 所示。它的规格长度有 150～600 mm 数种。例如,150 mm 长度的水平尺,主水准分度值

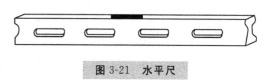

图 3-21　水平尺

为 0.5 mm;200～600 mm 长度的水平尺,主水准分度值为 2 mm。使用时一定要注意分度线上的标准值。

在使用水平尺时,要求按尺身的刻度值读数,也可采用插入塞尺的方法,直接根据塞尺片的数值计算。

使用和保管水平尺时,应避免将水平尺底面碰伤。水平尺有的是用铁材加工精制的,有的是用铝合金制的,应放置于干燥、通风的地方,防止锈蚀。

3.2.5　电梯导轨卡尺

电梯导轨安装后,要进行校正。校正导轨时应使用导轨初校卡板和精校卡尺。

导轨卡尺是用于电梯导轨安装调整的专用检测工具,用来调整轿厢、对重轨道的偏差。

在导轨校正调整前,需要悬挂中心线(以安装电梯样板定位线为准)、轿厢中心线、对重中心线,并且一定要对准。铅垂线由样板垂到底坑样板架定位。先用初校卡板,分别自下而上地调整两列导轨的三个工作区与导轨中心铅垂线之间的偏差值。经粗调和粗校后,再用精校卡尺进行精校,检查和测量两列导轨间的距离、垂直度和偏扭。

导轨卡尺一般都在现场由安装技术工人组装(根据两导轨距离而定)。卡尺两端用的卡板指示器指针与侧面、顶面卡口,精度要求高,两指针应在一条中心线上。在测量两根导轨的侧面时,可以直接读出两根导轨的扭压情况。工作中,两指针与导轨侧面应贴实,指针尖应指向零位,这说明两根导轨都没有偏扭和误差,符合要求。

观察两根导轨间的距离和垂直精度,图 3-22 中卡尺一端与导轨顶面应靠严,另一端与导轨保持有 1 mm 的间距。按照这个值调整导轨,精校卡尺的横、纵中心线要与轿厢中心线、对重中心线相对应,也就是轿厢和对重导轨的中心线对应。

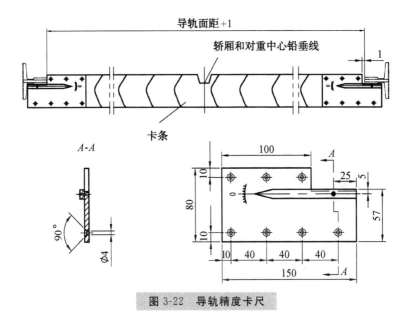

图 3-22 导轨精度卡尺

3.3 电梯安装与维修常用工具

电梯安装与维修常用工具如下:

① 钻削工具:如小台钻、手电钻、手枪钻、冲击钻等,如图 3-23 所示。

② 螺纹工具:如丝锥、板牙等。

③ 台虎钳。

④ 起重工具:如手拉葫芦,如图 3-24 所示。

⑤ 各种锉刀:如扁锉,如图 3-25 所示。

⑥ 各种扳手。

⑦ 验电器、(一字形、十字形)螺钉旋具、电工钳、电烙铁、吊线坠,如图 3-26 所示。

⑧ 各种长度测量工具。

⑨ 水平尺。

⑩ 手钢锯、划规、中心冲、手灯、手电筒、油漆、油枪、安全带、弹簧秤等。

⑪ 手风器、对讲机、锤子、铁锤、木槌、小型电焊机、砂轮机、砂轮切割机、电工刀、万用表等。

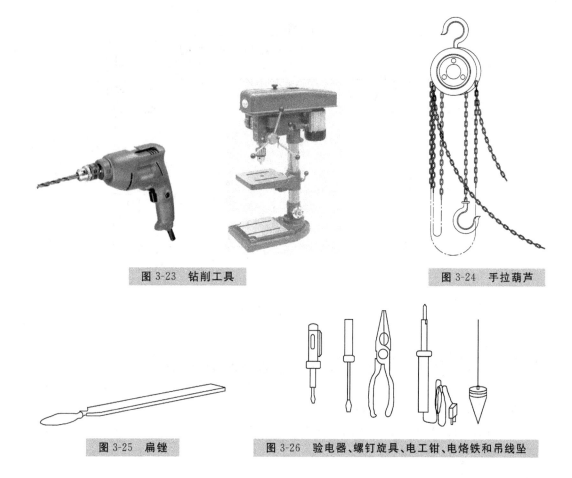

图 3-23 钻削工具　　　　图 3-24 手拉葫芦

图 3-25 扁锉　　　　图 3-26 验电器、螺钉旋具、电工钳、电烙铁和吊线坠

思考题

1. 电梯安装与维修常用的工具有哪几种？
2. 测量电梯噪声需要什么工具？测量时应符合什么要求？
3. 数字式万用表与指针式万用表在电阻挡时的测量方式有何区别？

第 4 章 电梯机械故障的诊断与维修

4.1 机械故障排除的思路和方法

电梯主要由机械系统和电气控制部分组成,因而电梯故障主要是机械故障和电气故障。当遇到故障时,首先要分清是机械故障还是电气故障,然后判断故障属于电梯系统的哪个部分,最后找到故障出在哪个零件或元器件上。

电梯机械系统主要零部件故障产生的基本原因如下:

1. 连接紧固件松脱

电梯在运行过程中,由于机械震动、制造安装精度不高等原因造成紧固件松动,使得机械零部件产生移位、零部件之间配合失调,甚至出现脱落等情况,从而造成磨损、碰撞,使得电梯零部件损坏,引起电梯故障。

2. 系统润滑不畅

保持各零部件之间的良好润滑,可以有效减小部件的机械摩擦,从而减少磨损。润滑通畅还可以起到减震、冷却、防锈等作用,进而延长了电梯的使用寿命。润滑系统故障或者润滑不当都会引起电梯运动部位发热、运动抱死、部件磨损及工作失效(如限速器靠摩擦力运动),最终电梯不能正常运行。

3. 机械疲劳

电梯的很多部件,如曳引钢丝绳等,将一直受到折弯、拉伸、剪切等各种应力的作用,会产生机械疲劳现象,这样就降低了零部件的机械特性。所以当承受应力大于其疲劳强度极限时会产生疲劳断裂,从而引发电梯故障。

4. 自然磨损

机械零部件的相对运动,自然会产生磨损。当磨损的量达到某一程度时,会影响其正常运转。如果不及时检查并进行修补或更换,将会产生设备故障,严重时会出现安全事故。所以要养成定期对设备进行检查、清洁、保养、调整等工作,保证设备正常使用。

鉴于诸多零部件形成故障的原因,我们要坚持定期对电梯进行维护保养。一旦发生故障,维修人员应及时赶赴现场,向现场电梯使用人员及其管理人员了解情况,采取对应的处理措施,通过各种手段了解和判断问题的根源。

电梯故障的外部表现形式很多,如震动、异声、泄露等方面。其形成原因多为零部件松动、间隙失调、变形、变质、磨损等。故障的零部件通过机械零部件运动的各级传递引起轿厢抖动、摇晃、发出尖锐的响声。

电梯的机械故障不仅会影响乘坐电梯时的舒适感,而且对人身安全带来严重隐患。所以一旦检测到电梯故障,必须严格按照国标要求,认真仔细地对其进行整理、修复及更换。

4.2 各系统常见故障的分析与排除

4.2.1 曳引系统常见故障

1. 蜗轮、蜗杆式曳引机齿轮常见故障

蜗轮、蜗杆式曳引机齿轮常见故障主要是齿面磨损,其诊断与维修如下:

【故障诊断】

① 蜗轮、蜗杆两共轭齿面中,硬度高的蜗杆齿面粗糙时,将对蜗轮齿面进行刮、研、切、削,造成齿面金属转移。

② 齿面或润滑油中混入沙粒、硬质物等,对齿面形成切、削、刮、研,造成齿面磨损。

③ 减速机发热和漏油。

【故障维修】

① 提高齿面的硬度和光洁度,改善齿面润滑状态。

② 对减速箱内零件进行清洗润滑,按照规定选择润滑油及润滑方法,并按照规定的使用量及时更换,防止油污。

③ 当齿面磨损严重时应及时更换。

2. 曳引机轴承常见故障

(1)轴承磨损

【故障诊断】

① 轴承安装精度不高,产生偏载,造成滚动体与滚道磨粒磨损,轴承工作不正常,有震动及噪声。

② 润滑脂中有异物划伤滚道。

【故障维修】

① 对轴承进行保护,防止异物进入。

② 提高安装精度,防止偏载。

(2) 轴承烧伤

【故障诊断】

曳引机转动使轴承发热烧伤,具体原因如下:

① 润滑油使用不当。

② 油量不足或油污严重。

③ 安装方法不对,使轴承歪斜。

④ 轴向窜动量过小。

【故障维修】

① 选用规定的润滑油。

② 加指定油量,对严重污染的油要进行更换。

③ 严防轴承安装歪斜,防止运动干涉;密封件不能太紧、太干。

④ 安装曳引机时要严格控制轴向窜动量,不能过小。

3. 曳引轮故障

曳引轮的故障主要是曳引轮绳槽磨损,其诊断与维修如下:

【故障诊断】

① 曳引轮材质不均,硬度不一致,加工精度差。

② 安装不当,使得各绳受力不均。

【故障维修】

① 提高曳引轮的材质及加工精度。

② 提高安装精度,使得各绳受力均匀。

③ 经常清洗钢丝绳及曳引轮绳槽磨损残留物,减少磨损。若磨损严重,则更换绳轮。

4. 异常现象诊断

(1) 电梯运行时曳引机与制动器处有异常尖锐的响声

【故障诊断】

① 可能轴承处干燥缺油或轴承处有异物。

② 轴承已经破损。

【故障维修】

① 取出轴承进行清洗,更换新的油脂。

② 更换轴承。

（2）曳引轮在一个方向时能够正常工作,而反向运动时受到阻碍且有不走梯现象

【故障诊断】

当曳引轮轴承锁紧螺母松动,顺时针方向运行时,将锁紧螺母锁紧,轴承不受阻,能够正常运转;反向时,锁紧螺母退出且顶住轴承端盖内侧,曳引轮因轴承受阻而不能正常运转;换速后电动机转动力矩不足而不会走梯。

【故障维修】

打开曳引轮故障侧的轴承端盖,松开锁紧螺母,将止推垫圈调整好,再将锁紧螺母拧紧。

（3）盘不动车

【故障诊断】

① 可能是减速器抱轴或制动器未打开。抱轴可能是齿轮间干摩擦使得齿轮咬死,也可能是油质不好,有杂质。

② 手动开闸装置失效,抱闸间隙过小,弹簧太紧、失调等原因。

【故障维修】

① 用加热法退下抱闸铜套,修整或更换铜套。

② 调整抱闸与轴的不同轴度。

③ 清洗油箱,保证清洁无杂质,按使用标准更换齿轮油。

④ 重新按标准调整抱闸间隙,修理手工开闸装置。

（4）制动器发热

【故障诊断】

① 磁体工作时,若磁柱有卡阻现象,会有大电流引起发热。

② 闸瓦与制动轮的间隙偏移,造成单边摩擦生热。

③ 电磁铁工作行程太小或太大。若太小,制动器吸合时会产生很大的电流造成磁体发热;若太大,将使制动器吸合后抱闸张开间隙过小,即闸块与制动轮处于半摩擦状态而产生热量,使电机超负荷运转、热继电器跳闸。

④ 通入制动器的工作维持电压过高导致制动器发热。

【故障维修】

① 调节制动器弹簧张紧度,保证制动器灵活可靠。

② 调节闸瓦间隙,使其不能产生局部摩擦。两侧间隙均匀且小于 0.7 mm。

③ 调节制动器电磁铁行程为 2 mm 左右,且电磁铁套筒居中,工作时不得有卡阻现象。

④ 将制动器工作维持电压设置在标准要求的范围内。

（5）曳引钢丝绳打滑

【故障诊断】

① 曳引轮的绳槽已经严重磨损,使得钢丝绳到槽底间隙大于 1 mm。

② 曳引轮或钢丝绳有油污。

③ 钢丝绳上抹油过多或绳芯浸油过多。

【故障维修】

① 重车曳引轮绳槽,若损坏严重,可以更换曳引轮。

② 根据需要截短钢丝绳。

③ 对钢丝绳进行正确润滑。

（6）钢丝绳磨损快且断丝周期短

【故障诊断】

① 曳引轮与导向轮的平行度差造成偏磨。

② 钢丝绳与绳槽形状不匹配,有夹绳现象。

③ 在安装钢丝绳时没有将钢丝绳自由充分垂直"放松",使得钢丝绳仍有扭曲,里面应力没有消除,导致运行时钢丝绳在绳槽中打滚,造成磨削。

④ 钢丝绳本身质量不符合国家标准要求。

【故障维修】

① 重新检查调整曳引轮与导向轮的平行度,使其不超过 1 mm。

② 换用和绳槽相匹配的钢丝绳。

③ 在安装钢丝绳前,应将钢丝绳吊挂井道内让其充分倒劲,以消除扭曲应力。

④ 选择符合国家标准的电梯专用钢丝绳。

（7）曳引钢丝绳之间的张力偏差超过 5%

【故障诊断】

曳引钢丝绳在安装完时难免有长度和承载力的偏差,随着电梯运行时间变长,钢丝绳自然会伸长,由于原本受力不一致,受力大的会伸长得快一些。随着时间的推移,张力偏差会增大并超过规定的数值。

【故障维修】

将轿厢停于井道较高处,用拉力计测对重侧各根钢丝绳的张力。然后将松弛超标的钢丝绳在绳头组合部位用专用工具松开倍紧螺母,将紧固螺母拧紧几丝；将太紧的钢丝绳的紧固螺母松开几丝。完成后,重新开梯上下反复运行几次,再测量各根钢丝绳的张力。反复调整几次,使得各根钢丝绳的张力趋于一致。调整完毕后,将所有松开的倍紧螺母拧紧。

(8) 钢丝绳断绳

【故障诊断】

① 磨损包括外部磨损和内部磨损,是造成断绳的主要原因。外部磨损是指曳引钢丝绳与绳轮槽之间的摩擦引起的磨损,内部磨损是指绳股之间的磨损。磨损导致钢丝绳的有效面积减小,抗拉强度减小,严重时就会产生断绳,造成重大事故。

② 腐蚀降低了钢丝绳的使用寿命,减小了钢丝绳的有效面积,加速了钢丝绳的磨损。

③ 钢丝绳承载力不一致。实践证明,当钢丝绳的承载力变化20%时,其使用寿命减少20%～30%。

【故障维修】

① 校正曳引轮的垂直度和曳引轮与导向轮的平行度以减小摩擦,钢丝绳与绳槽要匹配。

② 钢丝绳要进行正确润滑,减轻钢丝绳的磨损和腐蚀。

③ 调整各绳张力,使其承载力基本一致。

(9) 钢丝绳表面有锈斑、锈蚀

【故障诊断】

① 钢丝绳缺少润滑油或者润滑不当。

② 电梯井道干燥、维护保养不及时,或者环境中有腐蚀气体、沙尘等有害物质。

【故障维修】

发现钢丝绳缺油,应进行正确润滑。可以采用如下方法:

① 涂刷法。使用检修速度让电梯慢速上升,在机房曳引机旁,用钢丝刷将绳表面的污物洗净,并用清洗油清洗干净,然后用刷子将润滑剂直接刷在钢丝绳上,钢丝绳表面润滑薄而均匀,且不破坏电梯曳引力,即钢丝绳不出现打滑现象。

② 浸泡法。将绳取下洗净盘好。在铁锅内,加入钢丝绳专用润滑脂,加热至80 ℃～100 ℃,将钢丝绳放进油锅内浸泡透,然后捞出钢丝绳,将绳表面擦拭干净。

(10) 曳引钢丝绳在运行中有异常抖动

【故障诊断】

① 安装良好的电梯,其各根钢丝绳安装中心应与轿厢重心相对应,使轿厢基本上处于悬浮状态,即轿厢上下两对导靴对于导轨的三面间隙基本不变。各根钢丝绳的承载力应一致,张力误差不超过平均值的5%。

② 钢丝绳中心应与曳引轮绳槽中心一致,每根钢丝绳都应和相应的绳槽始终同心,否则导致钢丝绳运行抖动。

【故障维修】

① 校正钢丝绳与轿厢重心,使其相对应,调整钢丝绳的平均张力。

② 校正曳引钢丝绳与曳引轮，使其中心一致。

4.2.2 轿厢与对重系统常见故障

1. 轿厢异常现象诊断

（1）轿厢在运行中有异常震动声

【故障诊断】

① 减速箱齿轮啮合不好，引起偏差，导致由传动引起的震动。

② 主机安装不平引起主机震动或者主机未采取减震措施。

③ 轿厢架变形造成安全钳座体与导轨碰擦产生震动，轿厢外结构紧固件松动，轿底减震块脱落。

④ 固定滑动导靴与导轨配合间隙过大或磨损，两导轨开档尺寸变化或导轨压导板松动引起轿厢运行时飘移震动。

⑤ 导轨紧固件松动，导致导轨位置浮动，上下导轨接头处不平整。

⑥ 轴承故障或磨损，电梯运行时有周期性顿挫感。

⑦ 补偿链与其他电梯部件刮擦引起轿厢抖动。

⑧ 轿厢导靴磨损致导轨间隙太大。

⑨ 制动器不能完全打开，制动盘与摩擦片时而碰擦引起电梯抖动。

【故障维修】

① 若由电动机和蜗杆不同轴度超标或蜗轮啮合不好、轴承损坏等故障造成异常震动，应调整或更换故障零部件。

② 手触检查曳引主机外壳是否有震动感，同时触摸主机底面看是否有震动，检查有无橡皮减震垫。若有震感，则可能是底座平面度的误差造成的，用垫片垫实以消除震源。

③ 检查轿厢是否因为某些加强筋脱焊松动，导致轿厢框架变形。若轿厢一侧倾斜，开轿厢到最底层站，再用木板垫在倾斜的一侧，松开紧固件，利用重力将其矫正，用水平仪复核轿厢倾斜度，紧固加强筋，并用点焊固定。

④ 从上到下检查导轨，查看导轨紧固件是否有松动，调整导轨直线度并修整导轨接头后拧紧紧固件。

⑤ 更换轿厢反绳轮用轴承。

⑥ 检查调整补偿链的悬挂位置，使其不与其他部件发生刮擦。

⑦ 重新更换导靴靴衬。

⑧ 检查制动器抱闸间隙是否符合标准，调整间隙到规定值。或检查制动器触点有无不良情况。

（2）轿厢在运行中产生碰击声

【故障诊断】

① 平衡链或补偿链碰撞轿壁或者对重护栏。

② 平衡链与下梁链接处未加减震橡胶垫或隔震装置，平衡链未加减震绳或金属平衡链未加润滑剂予以润滑。

③ 轿顶与轿壁、轿壁与轿底、轿架与轿顶、轿架下梁与轿底之间防震消音装置脱落。

④ 导靴与导轨之间间隙过大或两主导轨向层门方向凸起，引起轿厢护角板碰擦地坎。导靴与导轨链接处碰擦。

⑤ 轿厢运行门刀与层门地坎间隙过小引起刮擦，或轿厢运行门刀与层门门锁滚轮发生摩擦。

⑥ 安全钳楔块与导轨之间间隙过小或安全钳动作后楔块没有复位到位，使其与导轨发生刮擦。

【故障维修】

① 检查各处的减震消音装置并调整和更换橡胶垫块。

② 检查轿架下梁悬挂的平衡链的隔震装置是否起作用，若松动或断掉，应予以调整与更换。

③ 检查与调整导靴与导轨的间隙，检查导轨垂直度及接头处的压导板是否松动，检查轿厢下面的护角板是否松动。

④ 检查、更换导靴衬并调整导轨、压导板、护角板等部位，使其不得与导靴相碰擦。

⑤ 检查轿厢有无变形、倾斜或门机安装紧固是否松动引起开门机偏斜，调整开门及使门刀不与地坎及门锁滚轮碰擦。

⑥ 检查平衡链或补偿链的悬挂位置是否正确，调整平衡链或补偿链到合适位置，抑或调整对重防护栏位置，避免其与补偿链碰擦。

⑦ 检查安全钳楔块是否完全复位，调整安全钳楔块与导轨的间隙，一般为 2～3 mm。

（3）轿厢在运动中晃动

【故障诊断】

① 固定滑动导靴与导轨之间磨损严重而产生的横向与纵向的间隙较大，致使轿厢在装载不平衡时发生前后或左右方向的水平晃动。

② 弹性导靴与导轨发生滑动摩擦时，靴衬严重磨损而产生较大的间隙造成轿厢垂直方向的晃动。滚动导靴与导轨发生滚动摩擦时，滚动胶轮磨损严重造成轿厢前后倾斜而产生垂直方向的晃动。

③ 减速箱传动部件的周期性运动误差传递给轿厢。

④ 导轨扭曲度大，垂直度与平行度差，两导轨的平行开档尺寸差。

⑤ 各曳引钢丝绳与绳槽的磨损不同,造成各钢丝绳在其绳槽接触部位的速度不一致而传递给轿厢使其晃动。

⑥ 钢丝绳均衡受力装置未调整好,造成轿厢运行中晃动。

【故障维修】

① 检查滑动导靴和滚动导靴的靴衬或胶轮是否磨损、靴衬衬垫是否磨损。若磨损严重,则须更换。检查压导板是否松动,还要调整各导轨的直线度、平行度以及开档尺寸。如果上述故障均排除,并有良好的间隙配合,能提高轿厢运行的状况。

② 调整曳引机的同轴度,提高减速箱各运动部件的性能。调整曳引钢丝绳均衡受力装置,检查并调整对重导轨的扭曲度,固定好对重防跳装置。

③ 更换钢丝绳及曳引轮轮缘。

(4) 轿厢发生冲顶蹲底

【故障诊断】

① 平衡系数失调。

② 制动器闸瓦与制动轮的间隙太大或制动器主弹簧压力太小。

③ 钢丝绳与曳引轮绳槽严重磨损,钢丝绳与绳槽内有油污或绳表面油脂太多,导致钢丝绳打滑。

④ 极限开关装配位置有误。或者装在轿厢侧的撞铁移位,撞不到极限开关的碰轮。

【故障维修】

① 在安装电梯时,应检查对重块数量以及每块的质量,同时做额定载荷的运转试验。保证电梯平衡系数为 0.4~0.5。

② 做超载运行试验,将轿厢分别移至井道上端或下端,向上或向下运行,测定轿厢是否有倒拉现象。

③ 检查和调整上/下平层时的平层开关位置和极限开关位置。

④ 对于运行时间较长的电梯出现此故障时,检查钢丝绳与绳槽之间是否有太多的油污及两者之间的磨损状况。如果磨损严重,则应更换绳轮和钢丝绳;如果没磨损,则应清洗钢丝绳与绳槽。

⑤ 检查制动器的工作状况,调整制动器闸瓦的间隙。

⑥ 调整并固定撞铁,使其在两端站能起作用。

(5) 轿厢向下运行时突然制停

【故障诊断】

① 限速器钢丝绳松动、张紧力不足或直径发生变化,引起断绳开关动作。

② 导轨直线度偏差或与安全钳楔块间隙小,引起摩擦阻力,导致轿厢下行时误动作。

③ 限速器失效。限速器离心块弹簧老化,当其拉力不足以克服动作速度的离心力

时,离心块甩出,使楔块卡住偏心轮齿槽,引起安全钳误动作。或超速保护装置传动机构的运转部位严重缺油,引起咬轴。

【故障维修】

① 调整好限速器钢丝绳的张紧力,确保轿厢运行时钢丝绳不会跳动。

② 检查和调整安全钳与导轨的间隙并进行正确良好的润滑。

③ 定期对限速器进行维护和保养,清洗污垢并重新加润滑油,保证运转灵活、动作可靠。

④ 定期对限速器进行检查试验,发现有向下制停情况,立即更换限速器。

(6) 运行时轿厢突然发生抖动,可以行驶但非常不适

【故障诊断】

① 轿厢抖动多是由曳引系统悬挂部分、导向系统的反绳轮及驱动传动装置故障造成的。曳引钢丝绳在绳槽中有严重的擦边现象或磨损严重,钢丝绳拉长,曳引轮槽磨大,造成绳在绳槽中滑动,曳引机的旋转速度不能正常传递给轿厢,使轿厢抖动。

② 曳引钢丝绳张力不一致,在电梯运行时,张紧力较小的钢丝绳产生摆动,使绳头端所接装置的受力不均匀发生跳动,从而引起轿厢抖动。

③ 导向轮、轿顶反绳轮轴承磨损或绳头端接处固定螺栓松动,使其相对位置发生变化,这样会增大传动阻力,造成轿厢产生卡阻而抖动。

④ 传动系统联轴器的同轴度不符合要求、链接螺栓松动或螺孔变形、扩大,也可能引起轿厢抖动。

⑤ 制动器间隙不合适,抱闸时间不对点,引起轿厢抖动。

【故障维修】

① 清洁、重车或更换曳引轮。

② 检查导向轮、轿顶反绳轮,轴承损坏的应予以更换。

③ 检查、调整曳引钢丝绳,拉伸过长的应予以更换。检查紧固绳头端接处的螺栓,有松动的应拧紧,并测其张力;将倍紧螺母锁紧,并测试其张力。

④ 检修、调整联轴节,不能修补的要更换。

⑤ 检查、调整制动器间隙,使之达到规定要求。

(7) 轿厢在启动和停梯时有明显台阶感

【故障诊断】

① 电梯启动和松闸时间不一致,转矩大,停梯时提前抱闸制动。

② 导轨接头处错位或其工作面不平而产生台阶感。

③ 轿厢导靴与导轨卡得太紧,启动摩擦力太大。

【故障维修】

① 调整启动松闸与制动抱闸时间,使其同步。

② 检查修理导轨接头处,使其达到标准要求。

③ 调整导靴与导轨面的间隙距离,给导靴加润滑油。

(8) 电梯运行时,在轿厢内听到刺耳的摩擦声

【故障诊断】

① 轿厢或对重导靴靴衬磨损或内部有异物。

② 导轨润滑不够,补偿链碰击。

③ 安全钳楔块与导轨间隙过小或不均匀,常发生磨碰导轨现象。

④ 各种绳轮轴磨损或润滑不良。

⑤ 导轨弯曲、轿厢位移变形,致使导靴靴衬与导轨擦碰。

⑥ 隔磁板或磁感应器松动移位,互相碰撞。

⑦ 因轿厢变形,门刀与厅门地坎相碰,或门滚轮与轿门地坎相碰。

【故障维修】

① 修理导靴磨损碰坏处或更换导靴靴衬,调整导靴弹簧的压力。

② 做好导轨的清洗润滑工作,修磨抛光导轨。

③ 调整安全钳拉杆,使楔块与导轨间隙适当。

④ 修理、调整轿厢与各相对运动部件的尺寸,保证安装间隙。

⑤ 调整门滚轮与开门刀的间隙,使其符合要求。

⑥ 对补偿链上损坏的防碰麻绳予以更换、紧固;对补偿链可能碰触的部位进行修理,如补偿链太长,应适当缩短。

2. 对重系统异常现象诊断

(1) 电梯运行中对重轮噪声异常严重

【故障诊断】

可能对重轮轴承严重缺油造成轴承磨损。严重时,还会发生咬轴,甚至造成对重轮轴断裂。

【故障维修】

设法固定轿厢和对重,使曳引钢丝绳放松,拆下对重轮,将损坏的轴承更换,并及时加满合格的润滑脂。若轴咬坏或断裂,应进行修理或更换新轴。

(2) 电梯运行中,对重架晃动大,乘坐舒适感差

【故障诊断】

① 对重架晃动可能是由对重导轨与对重导靴造成的。两列对重导轨不垂直或扭曲,在接头部位有明显台阶感。

② 对重导轨的开档尺寸上下不一致,且偏差较大。

③ 对重导靴靴衬严重磨损,造成导靴与导轨配合间隙过大,致使电梯对重在运行中晃动,且通过钢丝绳的脉动传递,使轿厢产生晃动。

【故障维修】

① 检查并校正两副导轨的垂直度、直线度和平行度。

② 检查并调整好压导板且予以紧固。

③ 更换并调整导靴和靴衬,确保靴衬与导轨的配合间隙在合理范围内。

④ 对滑动导靴的导轨应进行经常性的良好润滑。

(3) 在 2∶1 绕绳方式驱动的电梯运行中,对重及轿顶的反绳轮有很大的噪声

【故障诊断】

① 对重和轿顶反绳轮缺乏润滑,引起轴承磨损。

② 反绳轮轮架的紧固螺栓松动,造成轿厢或对重反绳轮的绳槽轴向端面跳动,引起反绳轮左右晃动旋转。缺油严重更会出现咬轴现象。

【故障维修】

① 用检修速度检查两处反绳轮的转动情况,观察各轮架有无松动。如果松动,应予以定位紧固。

② 检查两处反绳轮转动处是否有噪声。若噪声为轴承处发出或由于绳槽左右晃动而引起轴承噪声,则应更换轴承或修复反绳轮的绳槽位置精度,消除端面跳动。若因缺油而引起噪声,则加润滑脂来消除。

③ 若更换对重反绳轮或更换轴承,应先将轿厢升至顶层,在底坑用枕木或其他支撑物支撑对重架。用手拉葫芦把轿厢吊起,卸掉曳引钢丝绳后,再拆对重顶上的反绳轮,更换轴承。进一步检查、校正反绳轮绳槽端面跳动的形位精度,最后将拆下的部件重新装好并检测合格后,再加油、定位、固定好反绳轮,并应使其灵活转动。

④ 若有咬轴现象,则应在井道中搭脚手架,设法将对重和轿厢固定并卸下曳引钢丝绳,然后更换已咬坏的轴或做适当的技术处理后再装配。

(4) 电梯补偿链脱落

【故障诊断】

① 补偿链过长或过短。

② 补偿链扭曲。

③ 保养时润滑有问题。

【故障维修】

① 准确计算补偿链长度。

② 对补偿链进行维护,避免补偿链扭曲。

③ 及时保养、润滑补偿链。

(5) 补偿链拖地并有异常声音

【故障诊断】

① 曳引钢丝绳使用中正常拉伸,造成补偿链拖地。

② 补偿链拖地后与底坑摩擦产生异常声音,有时还会破坏补偿链支架或损坏其他设备。

【故障维修】

① 及时进行维护和保养,发现异常时立刻排除。

② 截掉拉长的曳引钢丝绳。

4.2.3 电梯门系统与导向系统常见故障

1. 电梯门系统机械故障

(1) 电梯开门速度太慢

【故障诊断】

一般开门速度慢是电气调速原因或者线路问题,机械方面的原因多是开关门机皮带打滑,有时能拖动门扇运动,有时拖不动。

【故障维修】

除检查、调整电阻、开关外,重要的是调整开关门皮带张力,使其松紧适度,故障即可排除。

(2) 电梯平层开门时,轿门打开但层门打不开

【故障诊断】

① 此故障为"系合"部位的问题,可能轿厢变形使门刀挂不住门滚轮。

② 安装维修时,门刀与厅门滚轮啮合深度不够,负载稍不平衡,门刀就挂不住门滚轮。

③ 导轨支架松动,造成导轨垂直度超差、平行度变大等,从而致使厅门、轿门不同步。

④ 某一层门的滚轮脱落,造成轿门门刀挂不住厅门。

【故障维修】

① 校正轿厢水平度。

② 重新调整门刀与门滚轮,使门刀与滚轮啮合深度达到规定要求(至少大于门滚轮的1/2)。

③ 固定导轨支架,调整导轨的垂直度与平行度。

④ 检修门钩子锁,使其灵活好用。

（3）层、轿门开与关时速度不畅

【故障诊断】

层门与轿门打开和关闭时有明显障碍，可由以下机械方面的原因造成：

① 门导轨与门地坎滑道不在同一个垂直位置。

② 门导轨或挂门轮轴承磨损，或门导轨污垢过多或润滑不良，致使滑轮磨损。

③ 门导轨连接松动使导轨下坠，致使层门或轿门下移，门下边缘碰触门地坎。

④ 门地坎滑槽有缺陷，门滑块磨损、折断或滑出地坎滑槽。

⑤ 门皮带太松、失去张紧力，或链轮与链条磨损或拉长，引起的跳动使门运动不畅或不能运行。

⑥ 开门机构从动轮支撑杆弯曲，造成主动轮与从动轮传动中心偏移，引起链条脱落，使开关门受阻。

⑦ 开关门机构主动杆或从动杆支点磨损，造成两扇门滑行动作不一致。

⑧ 门机制动机构未调整好或开、关门电动机有故障。

【故障维修】

① 更换磨损严重的滑块、滑轮及滑轮轴承。调整门下边距地坎高度为4～6 mm。

② 清洗、擦拭门导轨上的污垢，并调整门上导轨与下地坎槽的垂直度、平行度及扭曲度，使其上下一致。修正门导轨异常凸起，以确保滑行通畅。

③ 调整开关门主动撑杆和从动撑杆臂，使两撑杆长度一致，即关门后的中心与曲柄轮中心相交。

④ 调整或更换三角带，调整两轮轴的平行度与张力。

⑤ 更换同步带，调整其张力。

⑥ 更换拉长的链条并调整两轴的平行度和中心平面。

⑦ 修理或更换电动机，调整涡流制动器磁罐的间隙。

⑧ 清洗所有活动部位并加润滑油。

（4）开门、关门过程中门扇与相对运动部位有撞击、碰擦声

【故障诊断】

此故障可能为门摆杆受外力影响扭曲变形，层、轿门在开关过程中与门摆杆碰擦，同时门滑块有严重磨损，造成层门门扇晃动且与层门处井道臂碰擦或门扇之间碰擦等。

【故障维修】

① 更换门滑块，调整门扇与井道壁的间距，或门扇与门扇的间距。

② 校正门摆杆位置，调整后固定牢固。

(5) 电梯在关门时,未全部关闭就停止关闭

【故障诊断】

可能由门外开门三角锁故障所致。门锁锁头固定螺母松动,使锁头凸出,在电梯关门时锁头钩住层门,造成关门过程中尚未关到位就停止关门。

【故障维修】

① 检查门机调整机构各动、静触点的位置是否正确,并将故障排除。

② 修理或更换厅门外开门三角锁,调整并固定牢靠。

(6) 关闭层、轿门时有撞击声

【故障诊断】

① 摆杆式开关门机构的摆杆扭曲,擦碰门框边缘。

② 从动臂的定位过长,会造成两扇门在关闭时相撞。

③ 两扇门的安全触板在闭合时相撞。

④ 门机变频器开关门力设置偏大。

⑤ 门板间位置安装过近,开门没有完全到位时门板间发生碰撞。

【故障维修】

① 调整摆杆,消除其扭曲现象,调整从动臂的定位长度,确保各层、轿门门缝中心一致。

② 调整两门安全触板的伸缩间隙,使其在门关严实时不会发生碰撞,门开完全时分别与门边缘平齐。

③ 调整门机变频器参数设置,使关门速度在合适的范围内。

④ 调整门板安装位置,防止门板安装过近。

(7) 关门后电梯无法启动

【故障诊断】

此故障的原因大多是门锁钩没有钩牢。锁钩钩合不牢的原因多为锁臂固定螺栓严重磨损引起锁臂脱落或锁臂偏离定位点。

【故障维修】

更换并调整门锁,使其锁臂能灵活地将锁钩钩到锁块上,并大到 7 mm 以上的位置。

(8) 开关门时门扇震动和跳动

【故障诊断】

① 开关门时,门扇跳动大多由门导轨等开关门传动机构造成。

② 吊门挂轮磨损严重,如吊挂轮磨成椭圆形,在导轨上运行不畅。

③ 门变形,门下端扫地。

④ 开关门传动机构螺栓松动,或连杆严重变形或扭曲。

⑤ 开门刀与厅门开门滚轮间隙过大,中心线不重合。
⑥ 门地坎内有异物。

【故障维修】

① 校正、修理门导轨,消除弯曲、凹凸不平、严重磨损故障或更换门导轨。
② 更换轿、厅门的吊挂轮。
③ 校正变形的厅、轿门,消除扫地故障。
④ 拧紧传动机构螺栓,修正或更换变形或扭曲的连杆。
⑤ 调整门刀与厅门开门滚轮,使其配合公差符合国家标准要求。
⑥ 清除地坎内异物,保持厅门附近的卫生。

(9) 电梯开关门中有"吱""喳"声

【故障诊断】

① 自动关门装置调整不当,重锤刮磨重锤套管。
② 开关门钢丝绳张力过大,运行中产生噪声。
③ 门挂轮碰撞钢丝绳头,产生杂音。

【故障维修】

① 校正重锤套管,在重锤套管外包弹性塑套,以消除摩擦噪声。
② 调整开关门钢丝绳张力,使其大小合适、动作灵活可靠。
③ 将钢丝绳头固定,消除"毛刺",使杂音消失。

2. 导向系统机械故障

(1) 电梯在上下运行时有"嘶嘶"声

【故障诊断】

在导向系统中有此故障,容易发生摩擦声的部位主要是导靴对导轨和安全钳对导轨的摩擦。最常见的是导靴对导轨的摩擦。引起的原因如下:

① 导靴内有杂物。
② 导轨工作面严重缺油或太脏,有沙尘或锈蚀。
③ 导轨变形或间距变化。
④ 靴衬严重磨损,靴头在导靴应力弹簧作用下和导轨顶面的间隙变小,使靴头的金属部分和导轨面直接接触而发出尖锐的摩擦声。
⑤ 安全钳拉杆松动,造成安全钳楔块与导轨面间隙变小,运行时有"嘶嘶"声。

【故障维修】

① 检查并清洗导靴,清除其中的杂物。
② 清洗导轨,清理好油盒,使导轨有良好的润滑。
③ 校正导轨间隙。

④ 更换磨损的导靴靴衬。
⑤ 修校安全钳拉杆、楔块与导轨的间隙。
(2) 固定滑动导靴靴衬严重磨损
【故障诊断】
① 维护保养不到位。
② 靴衬材质不好。
③ 轿厢安装尺寸不准确,曳引钢丝绳与轿厢重心不对中。
④ 导轨垂直度、档距等尺寸误差大。
【故障维修】
① 至少每隔半个月进行一次全面的清洁、润滑、调整、检查,把故障排除在萌芽状态。
② 更换合格材质的靴衬。
③ 精心校正曳引钢丝绳与轿厢重心的对中度,使轿厢处于悬浮状态,即四个导靴与导轨工作面间隙始终一致。
④ 调校导轨,使其垂直度偏差、开档尺寸符合国家标准要求。
(3) 轿厢水平方向低频震动超标
【故障诊断】
此故障主要由导轨引起,具体如下:
① 导轨不垂直,有扭曲现象。
② 两导轨接口处有台阶。
③ 导靴与导轨三个工作面的间隙过大或过小,或四个导靴不在同一垂直面内,在运行中产生阻力。
【故障维修】
① 检查并调整主轨与副轨,调整压轨处垫片,紧固各支架与导轨连接板处的螺栓,以保证导轨的垂直度。若连接板处不易调整,应增加导轨支架。
② 检查、修平两导轨接头处的台阶,使其高度小于 0.02 mm,修光长度大于 300 mm。
③ 检查并调整轿厢和对重的四个导靴,它们应与对应的导轨间隙适中,并在同一垂直面内。
④ 检查并加润滑油,使导轨处于良好的润滑状态。
(4) 电梯启动或制动过程中震动
【故障诊断】
① 两导轨在铅垂方向,每个截面均不在同一水平面上,垂直度、平行度差。
② 导靴严重磨损。
③ 导轨支架松动。

④ 导轨工作面有油污、硬油污块。

⑤ 补偿链或随行电缆晃动或垂直跳动。

【故障维修】

① 调校导轨。

② 更换靴衬。

③ 固定导轨支架。

④ 清理、洗净导轨并进行良好润滑。

⑤ 检查、截短并固定补偿链或电缆。

（5）导轨端面的整个高度上布满深浅不平的槽

【故障诊断】

此故障多是导靴靴衬严重磨损，尼龙靴衬后面的金属在靴头压力弹簧作用下压在导轨端面上，当轿厢运行时，刨磨导轨端面，以及轿厢负载的随机性和导轨安装尺寸误差等，使导轨端面出现深浅不等的浅槽。

【故障维修】

① 修磨有浅槽的导轨工作面，更换靴衬后应调校靴头压力弹簧的压力。

② 加强电梯管理，经常对导靴靴衬进行检查，发现问题及时处理，特别是对磨损的导靴应及时更换。

（6）在2∶1驱动方式的电梯运行中，对重或轿顶反绳轮噪声严重

【故障诊断】

① 反绳轮严重缺油引起轴承磨损或轴承质量不好。

② 反绳轮架的紧固螺栓松动，使绳槽轴向端面跳动，引起左右晃动旋转。如果再加上严重缺油，会造成轴承磨损而咬轴甚至断轴。

【故障维修】

① 维修人员上轿顶以检修速度检查排除以下部位故障：

a. 反绳轮转动情况，轮架是否松动。若松动，应予以定位紧固。

b. 各转动处有无噪声。若噪声由轴承发出或因端面跳动引起轴承噪声，应更换轴承或修复绳轮的绳槽位置精度；若缺油引起噪声，则应加适量润滑脂。

② 更换轴承。

a. 若更换对重反绳轮或对重反绳轮的轴承，须将电梯轿厢升至顶层，对重落底坑，再脱卸对重顶反绳轮上的钢丝绳。

b. 检查和修正对重反绳轮的绳槽端面跳动的形位精度。

c. 安装与检修所更换的零部件，上油、定位、固定，试转动应灵活。

③ 若咬轴、轿顶操作无法进行，则应在井道中搭脚手架，设法将轿厢与对重架固定，

卸下钢丝绳,然后进行修复或更换轴承。

4.2.4 电梯运行中各环节与安全装置的机械故障分析

1. 电梯运行中的故障

(1) 电梯启动时,曳引机有怪叫声,电动机冒烟、不能启动

【故障诊断】

曳引电动机轴与轴瓦铜套咬死,启动时发生"闷车",大的启动电流使电动机绕组发热,绝缘物冒烟。若不及时停车,电动机将很快被烧毁。轴瓦铜套和轴咬死的主要原因是润滑油路堵塞,使轴与轴瓦之间失去润滑,发生金属与金属的干摩擦。润滑油变质、油室缺油、甩油环断裂不起作用等,也都会引起咬轴。

【故障维修】

① 修磨旧轴瓦铜套或更换新轴瓦铜套。

② 冲洗净油室,畅通油路,加入合格的润滑油至油标线位置。

③ 检查甩油环是否损坏,若损坏应修复或更换。

(2) 电梯运行中突然停车

【故障诊断】

电梯突然停车,主要由机械安全装置故障引发电气线路断路所致,具体如下:

① 轿门门刀碰触层门门锁滑轮。

② 超载称重装置失灵,如称重超载装置的秤砣滑移偏位等。

③ 安全钳楔口间隙太小,与导轨接口擦碰。

④ 限速器钢丝绳松弛。

⑤ 限速器本身故障(如抱闸、夹绳装置误动作、正常运行时限速器误动作)。

⑥ 制动器间隙太小或故障抱闸。

⑦ 曳引机过载,热继电保护器动作等。

【故障维修】

在轿顶用检修速度做上下运行检查。

① 如果电梯不能上行,应检查制动器闸瓦在通电后是否打开。如果未打开,应进一步检查制动器调节装置螺栓是否松动,闸瓦间隙是否过小,或磁铁两铁芯距离是否太近,若存在上述现象,应予以调整和修复。

② 如果电梯不能下行,则检查安全钳楔口间隙以及导轨的平直度。调节导轨的水平和垂直精度,调整和修复安全钳楔块与导轨的间隙。

③ 如果两个方向均不能运行,应检查限速器开关位置并加以调整。

④ 以检修速度能向上或向下运行时,开慢车检查发现不能走故障区域的门刀与门滚

轮的间隙位置。

⑤ 若电梯出现超载信号,即调整超载保护装置上秤砣的位置并予以固定。

⑥ 排除以上故障后,通电试车,发现下行时仍然有突然停车现象,检查发现由限速器误动作造成。更换限速器后,故障消失,电梯正常运行。

(3) 轿厢满载运行时,舒适感差且运行不正常

【故障诊断】

① 曳引机减速箱中的蜗杆副啮合不良,运转中曳引机产生摩擦震动,致使乘坐舒适感差。

② 蜗杆轴推力球轴承的滚子和滚道严重磨损,产生轴向间隙,引起在电梯启动过程中蜗杆轴轴向窜动,造成乘坐舒适感差。

③ 曳引钢丝绳与绳槽有污垢,导致在电梯运行时钢丝绳不停地打滑,造成轿厢速度异常变化。

④ 制动器压力弹簧小,当加速启动时,产生向上提拉的抖动感;当减速时,产生倒拉的感觉,造成电梯不正常运行且舒适感差。

【故障维修】

① 检查与调整制动器闸瓦的间隙,并调整制动器弹簧压力,确保电梯在静止时,装载125%～150%额定载荷情况下,能保持静止状态且位置不变,直至电梯正常工作时方能松闸。

② 清洗、擦净钢丝绳与轮槽内的污垢,对已磨损的钢丝绳及绳槽须修理或更换。

③ 检查齿轮箱内齿轮油的质量及油质。如果不合规定,轴承材质差或原来装配时未调整好,均会逐步增大轴向窜动量。这时,应调校轴向间隙。

④ 蜗杆分头精度偏差,造成齿面接触精度超差,应修理、更换或调整。

(4) 电梯启动及换速时快慢无明显变化

【故障诊断】

① 轨距太小阻碍轿厢运行,使电梯达不到额定速度。

② 减速箱缺油,或油有杂质等。

③ 曳引机抱轴。

【故障维修】

① 检查并调整两主导轨间距,使其符合标准。

② 检查齿轮油与减速箱润滑状况,更换不合格的齿轮油。

③ 若抱轴,应检查抱轴原因。例如,经检查,齿轮油脏致使蜗轮蜗杆在啮合过程中掉铜屑,铜屑将油孔堵死,导致润滑不良,从而抱轴,经清洗或更换齿轮后,电梯运转正常。

(5)曳引电动机升温过高,机壳发烫,有异味

【故障诊断】

① 电动机运转时间超过额定负荷持续率。

② 长时间开慢车持续运行。

③ 电动机绕组局部漏电。

④ 电动机滑动轴承润滑不良。

⑤ 曳引机不同轴度超标。

⑥ 电动机扫膛、运行中有卡阻。

⑦ 通风不良,电动机脏、散热不良。

⑧ 运行中突然某相断电。

【故障维修】

① 严格执行管理制度,保证电动机运转时间不超过规定的暂载率。

② 不得开慢车长时间运行。

③ 查出绝缘不良处,将故障排除。

④ 检查曳引机的润滑情况,特别是油质、油量、甩油环、油道等是否良好,润滑是否良好。

⑤ 调校曳引机同轴度,使其符合国家标准要求。

⑥ 排除电动机扫膛故障。

⑦ 检查电动机的通风散热状况,将电动机表面擦拭干净。

⑧ 检查保险器夹持情况,避免运行时脱开造成缺相运行。

(6)新装 N 层站电梯,启动后发现速度很慢,继而过流保护动作

【故障诊断】

调试过程中没有快车且速度异常慢。若检查控制系统正常,可判断是机械系统故障,一般有以下原因:

① 制动器动作异常。

② 曳引机故障。

【故障维修】

① 检查制动器抱合间隙是否太小,开合闸是否灵活。在检查抱闸松紧时,若盘不动车,可将压紧弹簧调松,若还是盘不动车,则判断为传动系统故障,故将制动器拆开。

② 检查电梯曳引电动机。当打开联轴节后,发现电动机转动灵活,一切正常,再将联轴节装上。

③ 用手盘不动车,判定为齿轮减速装置故障。打开减速箱盖,放掉齿轮油,检查蜗杆压力轴承,若正常,检查其他轴承。若轴瓦全部正常,卸除曳引钢丝绳后还是盘不动车,

可确定为蜗轮、蜗杆啮合不良。

④ 经检查,蜗杆、蜗轮轴向、齿侧间隙都很小,近乎紧贴在一起。启动后,在蜗杆和蜗轮处的摩擦力很大,产生大量的热量,使蜗杆与蜗轮齿间发生机械卡死,曳引机不能运转,电动机闷车。过大的启动电流使控制柜保护元件过流保护动作,因此电梯缓慢运行后跳闸停车。

⑤ 调整蜗杆、蜗轮的轴向和齿侧间隙在规定的 0.15 mm 以后,安装好曳引机,调整好制动器,挂上钢丝绳,向齿轮箱内加入合格且适量的齿轮油后,经检查一切正常,送电试运行,故障排除。

(7) 电梯运行未到达预选层站就停车且平层误差大

【故障诊断】

此故障多由电气安全回路断开造成,导致安全回路断路的机械原因如下:

① 层门锁两个橡皮开门滚轮位置偏移或连接板脱销,运行中门刀撞到橡皮滚轮边缘,拨动钩子锁,造成锁上的电气触头断开,导致停车,因提前随机停车,所以平层误差大。

② 若层门锁滚轮位置偏移过大,装在轿门上的开门刀经过层门,会将装于层门上的钩子锁上的橡皮滚轮与偏心轴撞掉或撞坏。

③ 电梯运行过程中,某部位连接螺栓松动、装置移位等,会使安全回路断开,造成随时突然停梯。

【故障维修】

① 检查门刀在各层门的安装位置,使其保持在各滚轮正中间。若某层门不能居中,即调整钩子锁住位置(千万不能调整门刀的位置),调好后应固定牢靠。

② 若每个层门滚轮(或大部分门滚轮)不居中,应调整开门刀位置,然后调整少数层门开门滚轮位置,确保各层门门锁滚轮前、后、左、右位置一致。

③ 检查井道、底坑、轿顶各安全装置位置,保持牢靠好用,不会误动作。若发现异常,应及时排除。经处理,故障排除,电梯恢复正常。

(8) 电梯正常平层时误差过大

【故障诊断】

制动器长期使用,却未得到经常性的维护或维护保养不当,使闸瓦上的制动器严重磨损,使平层制动时的制动力矩减弱,制动垫与制动轮打滑,从而导致不能正确平层,造成平层误差大的故障,尤其在轿厢满载时打滑溜车现象更严重,甚至发生冲顶、蹲底事故。

【故障维修】

① 检查制动器主弹簧的压力,并使其位于凹座中。

② 检查并制动闸瓦摩擦块磨损情况,并更换磨损严重的摩擦块。
③ 检查并调整制动间隙,使其在 0.7 mm 以内。
④ 检查并试验在满载下降时的制动力矩,保证其足以使轿厢迅速停止。
⑤ 在满载上行时,制动力矩不能太大,使电梯从正常运行速度平稳地过渡到平层速度。
⑥ 经常检查各轴、销的润滑状态,确保运转自如,制动可靠。

(9) 电梯运行时无论何种载荷,平层后均向下溜车,且溜车距离有一定规律

【故障诊断】
① 平衡系数失调,主要是对重太轻。
② 制动距离小,抱闸调得过松。
③ 曳引钢丝绳磨细,表面油污太多。
④ 曳引轮轮槽磨损严重且内部油污太多。
⑤ 平层装置位置欠佳、固定螺栓松动等。

【故障维修】
① 重新调整平衡系数,使其始终保持在 0.4~0.5。
② 调整制动器的制动力矩,使其抱闸间隙在 0.7 mm 以内,使制动力矩适当。
③ 检查曳引钢丝绳磨损及润滑情况,不得在曳引钢丝绳表面涂抹黄油,应保持清洁、无油污杂质。
④ 检查和清洗曳引轮绳槽,保证槽内清洁、无污染物和油泥等。
⑤ 在轿顶检查平层装置的安装位置,保证各层平层装置无松动、变形和位移。

(10) 电梯运行中突然停在某层而不平层,检查 PC 显示正常、开关门正常

【故障诊断】
① 安全联锁回路故障,但 PC 显示没有问题。
② 制动器故障,但检查发现抱闸正常。
③ 控制系统故障,检查 PC 显示没问题。
④ 曳引机故障。

【故障维修】
重点检查曳引机问题,具体如下:
① 吊轿厢,支垫对重。
② 拆开制动抱闸,手动盘车,曳引机不会转动。
③ 打开联轴器盘车,电动机会转动,问题在减速箱。
④ 打开减速箱盖,检查蜗轮、蜗杆传动情况;检查推力轴承和蜗轮轴两端滚动轴承是否损坏而造成转动失灵。

⑤ 检查蜗杆锁紧螺母是否卡死,拆掉蜗杆清洗干净后重新组装。

2. 电梯安全系统故障

(1) 限速器断绳开关误动作,使电梯不能正常运行

【故障诊断】

限速器钢丝绳在张紧轮下面的重锤作用下会自然伸长,严重时重锤下移,使安装在张紧轮装置框架上的断绳开关动作,电梯停止运行。

【故障维修】

重新扎绑限速器钢丝绳,使其长度符合国家标准要求,然后再恢复断绳开关到正常位置。修理后,电梯正常工作,故障排除。

(2) 限速器绳轮严重磨损

【故障诊断】

① 钢丝绳有断股、断丝、毛刺、死弯、油污等,对绳轮造成磨损。

② 限速器欠维护、润滑,运转不灵活,绳轮转动摆差过大,造成磨损。

③ 限速器、安全钳、张紧轮垂直度偏差过大,在其联动过程中造成磨损等。

【故障维修】

① 检查曳引钢丝绳,发现有严重断丝、断股、油污及死弯应及时排除。

② 检查限速器的运行情况,如有异常,应及时调整、排除。

③ 检查超速保护系统安装的质量,使其符合国家标准要求。

(3) 限速器钢丝绳与限速器轮相对滑移

【故障诊断】

由于安装、维修等原因造成绳与绳轮槽的不规则磨损,一侧磨损严重,另一侧磨损较轻,使轮槽与钢丝绳不能同步转动,造成两者之间的摩擦力变小,从而产生微量滑动,随着启动、制动次数增加,惯性力还会进一步使其摩擦力变小,从而增大了它们之间的进一步磨损,使滑动位移逐渐变大,摩擦因数变得更小,相对滑动变得更大。

【故障维修】

加强维护保养,使限速器钢丝绳与绳轮转动灵活、不打滑,无严重磨损。如果限速器上装有监控轿厢速度的编码器,便要保证同步,不允许有相对滑移。若达不到要求,应将其更新为钢带传动,以消除相对位移。

(4) 安全钳误动作

【故障诊断】

安全钳误动作由两方面原因造成:一是限速器误动作引起安全钳误动作,二是安全钳自身问题造成误动作。造成安全钳自身卡阻梗塞误动作的原因如下:

① 导轨上有毛刺、台阶。

② 安全钳与导轨间隙中有油垢,间隙过小,造成安全钳楔块误动作。
③ 安全钳拉杆扭曲变形,复位弹簧刚度小,不能自行复位,导致安全钳误动作。
④ 轿厢位置变形,引起安全钳误动作等。

【故障维修】
① 检查限速器误动作原因并将其排除。
② 校正导轨垂直度,打磨光接头台阶与导轨工作面上的毛刺。
③ 清洗、调校安全钳楔块间隙,使其与导轨两工作面间距一致。
④ 检查并截短限速器钢丝绳,调校张紧轮装置的张力。

(5) 安全钳与导轨间隙变小,产生摩擦声

【故障诊断】

安全钳与导轨间隙变小后,在电梯运行时,安全钳楔块和导轨工作面产生摩擦,发出噪声,同时还会使电梯晃动,甚至导致安全钳误动作,使电梯无法正常工作。两者间隙变小的原因之一是安装尺寸不当,维修不及时;原因之二是安全钳本身的问题,如材质问题、制造检验问题和电梯速度不匹配问题等。

【故障维修】

① 当发现电梯运行异常并有摩擦声时,在轿顶检查导轨,可能会发现导轨工作面上有拉伤痕迹,这说明安全钳间隙太小。在底坑用塞尺测量安全钳两侧间隙,发现间隙不均匀且小于 2 mm,这时在轿顶调节安全钳拉杆上的调节螺母,将间隙调合适后固定螺母。

② 如果安全钳间隙一边大、一边小,应检查轿厢的斜拉杆与轿厢连接的螺栓是否松动或松脱造成轿厢变形。若轿厢变形,应将其调正,再将斜拉杆紧固,重新调整安全钳楔块与导轨两侧工作面的间隙。

(6) 限速器与安全钳误动作

【故障诊断】
① 限速器转动部分或限速器绳润滑不良,造成限速器误动作。
② 对限速器维修保养不及时,壳内积尘油秽过多导致误动作。
③ 固定限速器的螺钉松动导致限速器误动作。
④ 限速器钢丝绳与限速器制动块摩擦严重导致限速器误动作。
⑤ 限速器误动作使安全钳误动作。
⑥ 安全钳楔块与导轨两侧工作面间隙过小使安全钳误动作。
⑦ 轿厢导靴靴衬磨损过大,导轨工作面有毛刺、台阶等,均会引起安全钳误动作。
⑧ 安全钳拉杆弯曲变形、牵动机构的杠杆系统灵活,也会造成安全钳误动作。

【故障维修】

① 对限速器进行良好的维护保养,清扫、擦拭干净,转动部分应及时进行润滑,固定螺栓应拧紧并加弹簧垫以防止松动。

② 按规定检查和调整限速器与安全钳的联动,保证准确无误。在检查中,若发现安全钳装置有问题,应及时调整修复。

③ 检查导靴靴衬与导轨间隙,若发现间隙超标,应找出原因并及时更换靴衬。

(7) 轿厢在运行中突然被卡在轨道上不能移动

【故障诊断】

① 限速器调整不当,误动作导致安全钳误动作,将轿厢夹持在导轨上。

② 安全钳楔块与导轨工作面间隙不当。

③ 限速器运转部分严重缺油等。

【故障维修】

轿厢复位后再进行以下调整:

① 调整限速器离心弹簧的张紧度,使之运转达规定速度动作(只能在实验台上调整,现场不能自行调整)。

② 调整安全钳楔块与导轨侧面的间隙在 2 mm 左右。

③ 对限速器转动部分加油,保证其灵活转动。

④ 对卡在导轨上的轿厢的解决方法是:能用承载能力大于轿厢自重的吊葫芦,挂在机房楼板的承重梁上,把轿厢上提 150 mm 左右,即可使安全钳脱开,再将轿厢慢慢放下,撤去吊葫芦,将位于轿顶轿厢上梁上的开关复位,再将机房内限速器的开关复位(若极限开关动作也应将其复位),电梯即可恢复正常。导轨上的卡痕应清除、修光后方可交付使用。

(8) 安全钳动作后,楔块啃入导轨无法解脱

【故障诊断】

① 楔块啃入导轨,说明楔块与导轨的安装质量太差,误差太大,造成楔块与导轨面不平行,将楔块端面磨成尖棱状。

② 安全钳拉杆系统弹簧刚度太小,无法复位,或拉杆不直使楔块无法复位。

【故障维修】

① 强迫楔块复位后,修磨校正被严重啃伤的导轨并固定牢靠。

② 全面拆除安全钳及其联动提拉机构,更换损坏零件,安装调试,使其灵活好用后,故障即可排除。

（9）安全钳动作时轿厢倾斜、振动、冲击过大

【故障诊断】

① 安全钳动作时，两个安全钳不能同步而楔入钳体与导轨之间，会造成轿厢倾斜、振动、冲击过大。

② 提拉机构因制造、安装质量问题，影响到安全钳动作时两边楔块的同步性，造成轿厢振动、冲击，以致倾斜。

③ 安全钳刹车能力选型大于实际电梯载重设计需求，导致安全钳动作减速度过大引起冲击。

【故障维修】

① 检查楔块与导轨侧面的工作间隙，调整楔块，使间隙一致。

② 检查校验安全钳提拉机构，使其顺畅无阻。

③ 更换与实际电梯工作需求相吻合的安全钳。

（10）轿厢称重装置失灵

【故障诊断】

轿厢称重装置是防止轿厢超载运行的安全装置，若失效将会发生严重后果。导致其失灵的原因大都是装配定位偏移或其主秤砣松动偏移，致使秤杆碰触微动开关，还可能是轿底因底框四边垫块或调整螺栓松动，造成微动开关误动作，使称重装置不起作用。

【故障维修】

① 校正秤砣及微动开关位置。

② 调整轿底四边垫块和调整螺栓，并且予以锁定。

③ 做载重试验，人为电气屏蔽超载保护功能，完成实验后使电气恢复保护功能。

（11）轿厢常发生冲顶、蹲底

【故障诊断】

① 平衡系数不当，轿厢与对重平衡失调。

② 曳引钢丝绳及曳引轮绳槽严重磨损，且绳表面及槽内油污太多。

③ 曳引钢丝绳润滑不当，绳表面抹油太多。

④ 制动抱闸间隙太大而制动力矩小。

⑤ 上、下端站平层感应系统位置偏差或失灵。

⑥ 上、下端站强迫换速和极限位置开关不起作用，撞铁撞不住开关柄的碰轮。

【故障维修】

① 对新安装的电梯，应该核查供货清单的对重块数量以及每块对重压铁的质量，重新校对平衡系数。

② 检查曳引钢丝绳及曳引轮绳槽的磨损情况，更换磨损太多或太细的钢丝绳。彻底

清洗绳表面及绳槽内的油污,对那些磨损严重的绳槽,应重车或更换轮缘。

③ 检查并调整制动器,使其符合国家标准要求,保证制动力矩合适、抱闸间隙不超过0.7 mm、开合闸灵活可靠。

④ 对曳引钢丝绳要进行正确的维护保养和润滑,表面不得抹黄油。

⑤ 检查两端站平层隔磁板是否不起作用,将其恢复到正确位置。

⑥ 检查并调整两端站设置的强迫换速开关、极限开关及装在轿厢一旁的撞弓,将其恢复并确保好用。

(12) 超速保护失控造成蹲底

【故障诊断】

安全钳装置是电梯安全运行的可靠保证,是超速保护装置的执行元件,然而检查发现电梯发生坠落事故往往都是安全钳动作,没起到保护作用。安全检验时,常常是手动限速器动作,带动安全钳动作,曳引轮空转,说明超速保护起了作用,但疏忽了限速器在电梯速度超过额定速度15%时限速器能否可靠动作。限速器动作时,张紧轮下的砣块提供给限速器绳的张紧力达300 N,足以使安全钳装置起作用。随着电梯使用年限的增加,钢丝绳内应力逐渐释放,钢丝绳材质、绳径等的变化有可能造成张力不够而打滑,提拉不起安全钳楔块,使失控的轿厢不能制停。

【故障维修】

① 对限速器的动作速度按期检查,使其好用。

② 限速器张紧力可用拉力计检测其钢丝绳的张力。当拉力大于300 N时,检验安全钳楔块能否动作。

③ 对限速器转动部位、销轴、张紧轮轴等及时加润滑脂。

④ 及时检查、调整、清洁、润滑安全钳联动机构。

⑤ 对整个超速保护系统,每年都彻底拆修一次,以确保其可靠运行。

(13) 电梯在顶层尚未平层,对重已蹲到缓冲器上

【故障诊断】

随着电梯使用年限的增加,曳引钢丝绳会自然伸长,伸长率约为5‰。对于高层电梯,其影响严重,如一台15层梯钢丝绳约50 m,2∶1悬挂,绳长为100 m,伸长量约为500 mm。缓冲器距对重底只有150~400 mm。随着曳引钢丝绳的自然伸长,平层精度发生变化。在调整平层时,钢丝绳伸长量很自然地全部转移到对重的一侧,造成对重侧缓冲距离逐渐变小,最后就造成电梯尚未达到顶层平层,对重已经蹲在缓冲器上。

【故障维修】

① 安装时,对重缓冲距离应尽量靠近规定范围的上限。

② 曳引钢丝绳绳头板的调节螺母要预留100 mm左右的调节余量,以便以后调节。

③ 在对重底座加 3 块调节块（每块 120 mm 左右），当缓冲距离变小时，可以逐次去掉调节块，以便调节。

④ 若对重底座无调节块，绳头板调节螺母也调节不过来，那就只好截短钢丝绳。

思考题

    1. 电梯机械系统主要零部件故障产生的基本原因有哪些？

    2. 曳引系统常有哪些故障？针对这些故障电梯维修人员该如何去做？平时在电梯保养中要注意什么？

    3. 乘客在乘坐电梯时感觉电梯晃动、抖动，可能存在的原因有哪些？

第 5 章

电梯电气故障的诊断与维修

5.1 电梯电气故障形成的原因

5.1.1 电梯电气控制系统构成及其重要性

电气控制系统是电梯两大系统之一。电气控制系统由控制柜、操纵箱、指层灯箱、召唤箱、限位装置、换速平层装置、轿顶检修箱等十几个部件,以及曳引电动机、制动器线圈、开关门电动机及开关门调速装置、端站限位和极限开关等几十个分散安装在电梯井道内外和各相关电梯部件中的电气元件构成。

电气控制系统有较大的选择范围,必须根据电梯安装使用地点、乘载对象进行认真选择,才能最大限度地发挥电梯的使用效率。电气控制系统决定着电梯的性能。

1. 控制柜

控制柜是电梯电气控制系统完成各种主要任务、实现各种性能的控制中心。控制柜由柜体和各种控制电气元件组成,如图 5-1 所示。

控制柜中装配的电气元件,其数量和规格主要与电梯的停层站数、额定载荷、速度、拖动方式和控制方式等参数有关,不同参数的电梯,采用的控制柜不同。

进入 21 世纪,随着电工电子器件制造、控制技术的进步,采用交流电动机的交流调频、调压、调速技术对电梯门拖动控制,橡皮齿条传动(无减速机构和连杆)的开关门系统日趋增多,由于效果更好,造价也不高,将会是今后发展的方向。

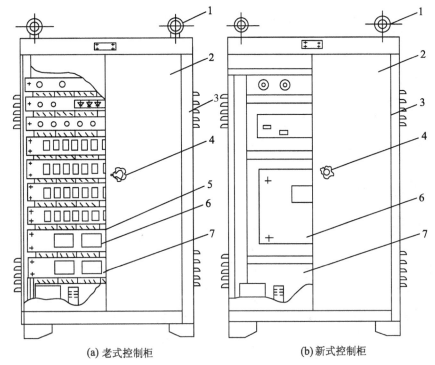

(a) 老式控制柜　　　　　　　(b) 新式控制柜

1—吊环　2—门　3—柜体　4—手把　5—过线板　6—电气元件　7—电气元件固定板

图 5-1　电梯控制柜

2. 操纵箱

操纵箱一般位于轿厢内，是司机或乘用人员控制电梯上下运行的操作控制中心。操纵箱装置的电气元件与电梯的控制方式、停站层数有关，如图 5-2 所示。

操纵箱上装配的电气元件通常包括下列几种：发送轿内指令任务、命令电梯启动和停靠层站的元件，如轿内手柄控制电梯的手柄开关，轿内按钮控制、轿外按钮控制、信号和集选控制电梯的轿内指令按钮，控制电梯工作状态的手指开关或钥匙开关，控制开关，急停按钮，电动开关门按钮，轿内照明灯开关，电风扇开关，蜂鸣器，外召唤信号所在位置指示灯，厅外召唤信号要求前往方向信号灯等。

但是近年来已出现操纵箱和指层箱合为一体的新型操纵指层箱，其暗盒内装设的电气元件一般不让乘员接触，如照明灯开关盒、电梯状态控制开关等。

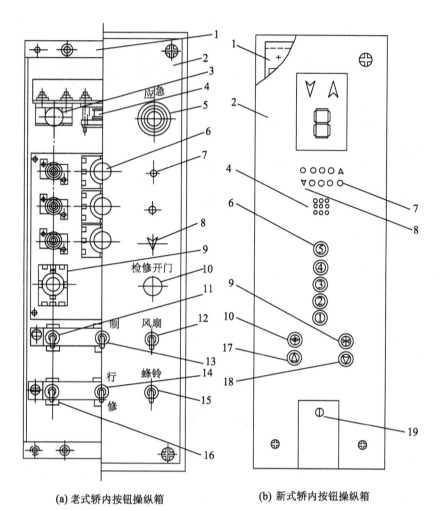

(a) 老式轿内按钮操纵箱　　(b) 新式轿内按钮操纵箱

1—盒　2—面板　3—急停按钮　4—蜂鸣器　5—应急按钮　6—轿内指令按钮
7—外召唤下行位置灯　8—外召唤下行箭头　9—关门按钮　10—开门按钮
11—照明开关　12—风扇开关　13—控制开关　14—运、检转换开关　15—蜂鸣器控制开关
16—召唤信号控制开关　17—慢上按钮　18—慢下按钮　19—暗盒

图 5-2　轿内按钮操纵箱

3. 指层灯箱

指层灯箱是给司机和轿内、外乘用人员提供电梯运行方向和所在位置指示灯信号的装置,如图 5-3 所示。

除杂物电梯外,一般电梯都在各停靠站的厅门上方设置指层灯箱。但是,当电梯的轿厢门为封闭门,而且轿门上没有开设监视窗时,在轿厢内的轿门上方也必须设置指层灯箱。位于厅门上方的指层灯箱称为厅外指层灯箱,位于轿门上方的指层灯箱称为轿内指层灯箱。同一台电梯的厅外指层灯箱和轿内指层灯箱在结构上是完全一样的。

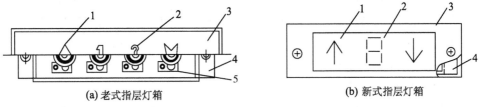

(a) 老式指层灯箱　　　　　　(b) 新式指层灯箱

1-上行箭头　2-层楼数　3-面板　4-盒　5-指示灯

图 5-3　指层灯箱

近年来普遍采用把指层灯箱合并到轿内操纵箱和厅外召唤箱中去的情况,而且采用数码显示,既节能又耐用。

4. 召唤按钮(或触钮)箱

召唤按钮箱是设置在电梯停靠站厅门外侧、给厅外乘用人员提供召唤电梯的装置,如图 5-4 所示。

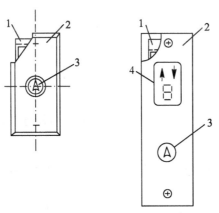

(a) 老式单钮召唤箱　　(b) 新式单钮召唤箱

1-盒　2-面板　3-辉光按钮　4-位置、方向显示

图 5-4　单钮召唤箱

上端站只装设一只下行召唤按钮、下端站只装设一只上行召唤按钮的召唤按钮箱称为单钮召唤箱。但是若下端站又作为基站,召唤箱上还需加装一只厅外控制上班开门开放电梯和下班关门关闭电梯的钥匙开关。位于中层站者,则装设一只上行召唤按钮和一只下行召唤按钮的双钮召唤箱。近年来出现了召唤和电梯位置及运行方向合为一体的新式召唤指层箱。

5. 限位开关装置

为了确保司机、乘用人员、电梯设备的安全,在电梯的上端站和下端站处,设置了限制电梯运行区域的装置,称为限位开关装置。在国产电梯产品中,限位开关装置分为两种:一种是适用于中低速梯的限位开关装置,另一种是适用于直流快速梯和高速梯的端站强迫减速装置(20 世纪 80 年代末以前使用)。

6. 极限位置保护开关装置

常用的极限位置保护开关装置有以下两种:强制式极限位置保护开关装置和控制式极限位置保护开关装置。

强制式极限位置保护开关是一种在 20 世纪 80 年代中期以前用于交流双速电梯,作为当限位开关装置失灵,或其他原因造成轿厢超越端站楼面 100～150 mm 距离时,切断电梯主电源的安全装置。

控制式极限位置开关装置由行程开关盒接触器结合构成,其结构较之强制式极限位置保护开关相对简单,效果也比前者好。

7. 换速平层装置

换速平层装置是一般低速或快速电梯实现到达预定停靠站时、提前一定距离把快速运行切换为平层前慢速运行、平层时自动停靠的控制装置。常用的换速平层装置有以下几种:干簧管换速平层装置、双稳态开关换速平层装置和光电开关换速平层装置。

8. 底坑检修箱

底坑检修箱上装设的电气元件有急停按钮、底坑检修灯和两孔电源插座等。

9. 轿顶检修箱

轿顶检修箱位于轿厢顶上,以便于检修人员安全、可靠地检修电梯,如图 5-5 所示。

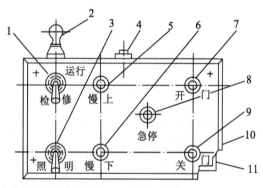

1-运行检修转换开关　2-检修照明灯　3-检修照明灯开关　4-电源插座　5-慢上按钮
6-慢下按钮　7-开门按钮　8-急停按钮　9-关门按钮　10-面板　11-盒

图 5-5　轿顶检修箱

检修箱装设的电气元件一般包括控制电梯慢上慢下的按钮、电动开关门按钮、急停按钮、轿顶正常运行和检修运行的转换开关和轿顶检修灯开关等。

10. 选层器

选层器设置在机房或隔音层内,是模拟电梯运行状态、向电气控制系统发出相应电信号的装置,如图 5-6 所示。

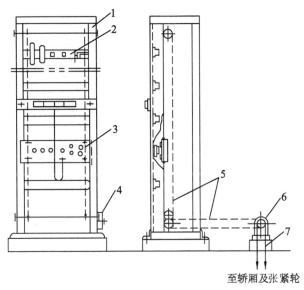

1-机架 2-层站定滑板 3-动滑板 4-减速箱
5-传动链条 6-钢带牙轮 7-冲孔钢带

图 5-6 选层器

20 世纪 80 年代中期后,国内各厂家已不再生产这种装置,但国内至今仍有采用这种装置的电梯,所以这种装置对这种电梯用户的维修人员仍有参考价值。

按与电气控制系统配套使用情况,选层器可分为两种:用于货、医梯电气控制系统的层楼指示器及用于客梯电气控制系统的选层器。

11. 晶闸管励磁装置

自 20 世纪 60 年代末至 80 年代中期,晶闸管励磁装置一直是国内各种快速和高速直流电梯的主要电气控制装置。

晶闸管励磁装置是将交流电变换成直流电,作为发电机-电动机组的发电机励磁绕组的供电电源。根据电梯的运行特点和要求,该电源极性可变,电压值可按预定规律变化,从而使发电机输出电压满足曳引直流电动机启动、制动时的要求,实现按预定的速度曲线运行,并进行速度调节和控制。

在实际应用中,用于快速直流梯和高速直流梯的晶闸管励磁装置略有区别,其调速系统的结构原理结构框图如图 5-7 所示。随着直流梯的淘汰,这种装置也不再生产。作为我国曾广泛采用的一种电梯拖动控制装置,从电梯拖动控制技术的知识性出发,本书仍予以简要介绍。

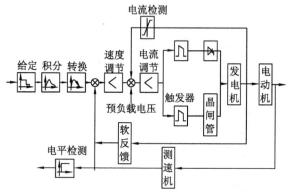

(a) 高速直流电梯速度自动调节系统结构图

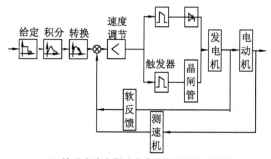

(b) 快速直流电梯速度自动调节系统结构图

图 5-7　直流电梯速度自调节系统结构图

除上述电梯电气元件外,还有一部分与机械部件紧密结合的电气元件,如曳引电动机、制动器线圈、开关门电动机、厅轿门电联锁等。

5.1.2　电梯电气故障类型

电梯电气故障多种多样,有电源部分、拖动系统、控制与信号系统、门与安全系统等方面的故障。电梯的电气故障可分为以下类型:

1. 电梯运行过程中常见的故障

① 内选指令(轿内)和召唤信号登记不上。

② 不自动关门。

③ 关门后不启动。

④ 启动后急停。

⑤ 启动后达不到额定的满速或分速运行。

⑥ 运行中急停。

⑦ 不减速,在过层或消除信号后急停。

⑧ 减速制动时急停。

⑨ 不平层。

⑩ 平层不开门。

⑪ 停层不消除已登记信号。

2. 不同品牌系列电梯的一些比较特殊的故障

① 在启动、制动过程中振荡。

② 开关门速度异常缓慢。

③ 冲顶或蹲底。

④ 无提前开门或提前开门时急停。

⑤ 层楼数据无法写入。

⑥ 超速运行检出。

⑦ 再生制动出错。

⑧ 负载称重系统失灵。

5.1.3 电梯电气故障原因

电梯故障中60%是电气控制系统的故障。造成电气控制系统故障的原因是多方面的,主要包括元件质量、安装调整质量、维修保养质量、外界环境条件变化和干扰等。

20世纪80年代中期以前生产的电梯产品中,电梯电气控制系统一般都是由触点控制的,量大面广的中间过程控制继电器、接触器和各种开关所选用的配套电气元件基本上是一般的机床电气元件。由于机床和电梯在工作条件和工作特点方面的差异很大,为机床设计配套的各种电气元件,其使用寿命、噪声水平等主要技术指标远不能适应电梯的要求,加之大多数厂家在相当长的一个时期内,不能选择质量好的电气元件生产厂家作定点配套厂,对进厂元器件的筛选又不够严格,所以,由电气元件方面的问题引起的故障是比较多的。

20世纪80年代后期及以后生产的电梯产品中,由于国家明令禁止全继电器控制电梯的生产,采用工业控制微机PLC和微型计算机取代电梯运行过程中的管理、控制继电器,使电梯运行过程中的有、无触点控制比率大大降低,使电梯的运行可靠性大大提高。与此同时,拖动控制技术的进步,使电梯的乘坐舒适感得以彻底改善。

但是,由于电梯运行过程的管理、控制环节比较多,以及电路功率转换等方面的原因,现在和今后生产的电梯电气控制系统,采用继电器、接触器、开关、按钮等触点元件构成的电路环节仍然存在,它的存在仍是引起电梯故障频发的原因。因此,提高电梯电气维修人员的技术素质和检查、分析、排除有触点电路故障的能力,仍然是减少电梯停机修理时间的重要手段。下面对电梯电气系统的常见故障及其分析、判断、排除方法作简要介绍。

1. 主拖动系统

任何电梯的主回路基本构成大致相同,即从三相供电电源经断路器、上(下)行接触器、调速器、运行接触器、热继电器、电动机三相绕组端子到三相绕组,构成电梯电力拖动主回路。

主回路故障是电梯的常见故障和重要故障。因为主拖动回路是非连续性的经常动作,若长时间运行,则接触器触点氧化,触点压力弹簧疲劳,触点接触不良、脱落,逆变器模块及晶闸管过热击穿,电动机绕组熔断或短路等故障就会出现。

此外,任何电气元件的动作部件都有一定寿命,如接触器、继电器、微动开关、主令开关、行程开关等元件及随行电缆、开关门机等部件,经常做弯曲、旋转等动作,存在着断线、失灵等故障的可能。

2. 电气各系统

(1) 自动开关门机构及门联锁电路

关门运行是电梯安全运行的首要条件。门联锁系统一旦出现故障,电梯就不能运行,这属于正常现象。但是,电梯不能正常运行属于故障,它是由包括自动门锁在内的各种电气元件的触点或连接线路的接头接触不良或调整不当造成的。

(2) 电气线路或元件短路、断路

在由继电器、接触器构成的控制电路和信号电路中,故障多发生在继电器、接触器的触点上。如果触点被电弧烧蚀、粘连,就会造成断路或短路。如果维修保养不及时,触点被尘埃污物阻断或弹簧失效、簧片折断,也会造成断路。断路、短路会使控制电路失效,使电梯处于故障状态。

(3) 电气元件及电气线路绝缘失效

电气元件和电气线路经过长期运行会因老化、失效、受潮等原因造成绝缘失效,或由其他原因(如外力)引起绝缘击穿,造成电气系统的短路或断路。

(4) 电磁干扰

微控技术在电梯中广泛应用,诸如调速系统、控制系统、信号的传输、开门机的控制,均以计算机控制替代了继电器、接触器、阻抗元件和传输器件。微机的广泛应用对电气控制系统的可靠性要求越来越高。抗干扰被列入电气故障的范畴。

电梯运行中的各种干扰主要是外部干扰,如温度、湿度、震动、冲击、灰尘、电源电压、电流、频率的波动、电网的接法、逆变器自身产生的干扰、操作人员失误及负载的随机变化等。在这些干扰的作用下,电梯的控制会产生错误指示从而发生故障。电磁干扰主要有以下三种形式:

① 电源噪声:当干扰由电网电源及电源引入线、接地形式错误的地线而侵入时,特别是当电梯与其他经常变动的大负载共用电网时,会产生电源噪声干扰。当电源引线较长时,传输过程中产生的电压降、感应电动势也会产生噪声干扰,影响系统正常工作,如微机丢失信号、产生错误或误动作等。

② 从输入线路侵入的噪声干扰:当输入电源线与其他系统采用公共地线(保护线和工作零线共用一根线的三相四线制供电)时,就会有噪声侵入。有时即使有隔离措施,仍然会受到与输入线相耦合的电磁感应的影响,尽管输入信号很微小,仍极易使系统产生误差和误动作。

③ 静电噪声:由摩擦产生的静电,电压可高达数万伏。因此,当带有高电位的维修人员接触微控板时,急剧的放电电流造成噪声,干扰系统正常工作,甚至会造成电气元件的损坏。针对以上情况,微控电梯的电源一定要采用三相五线制,保护线(PE)与工作零线(N)分开,不允许短接,以防止系统产生的杂散电流干扰微控计算机的正常工作。

(5) 电气元件损坏或位置调整不当

对于电气系统,特别是控制系统,线路板或系统内某个元件失效、损坏或调整不当(如谐振、接触不良等)也经常会引起电梯故障。

5.2 电梯电气故障的诊断与维修

当电气各系统发生故障时,维修人员首先要问、看、听、闻,做到心中有数。"问"就是询问操作司机或现场负责人故障发生时的现象,查询故障前当事人是否对电梯做过任何调整或更换工作;"看"就是注意观察每个电气元件是否正常工作,看控制板的各种信号指示是否正确,看电气元件外表颜色是否改变等;"听"就是听电气线路工作时有无异常声响;"闻"就是闻电气线路及电气元件有无异味。

判断电气控制系统故障的依据是电梯控制原理。因此要迅速排除故障必须掌握地区控制系统的电路原理图,搞清楚电梯从定向、启动、加速、慢速运行、到站预报、换速、平层、开关门等全过程各环节的工作原理,各电气组件之间的相互控制关系,各电气组件、继电器/接触器及其触点的作用等。在判断电梯电气控制故障之前,必须彻底了解故障现象,才能根据电路图和故障现象,迅速准确地分析判断故障的原因并找到故障点。

微控电梯故障隐蔽在软、硬件系统中,故障原因与结果和条件是严格对应的。查找这类故障时,应有序地对它们之间的关系进行联想和判断,逐一排除疑点直到问题完全解决。

5.2.1 电梯电气故障诊断与维修常用工具

1. 万用表

万用表是电梯安装中最常用的电工仪表,虽然其精度不高,但它量限多,因此使用广泛。一般的万用表可以用来测量电压、电流、电阻,有的万用表还可以测量电功率、电感、电容等。

万用表分为指针式和数字式两大类。其中数字式万用表的测量数值直接用数字显示。与指针式万用表相比,数字式万用表有以下优点:显示直观、测量精度高、功能全、输入阻抗高、过载能力强、耗电量小、体积小。

2. 钳形电流表

为了不切断电路而直接测量线路流过的电流,可以采用钳形电流表。在测量电梯的平衡系数时,一般采用电流-负荷曲线图法,这时的电流测量,就使用钳形电流表。

钳形电流表简称钳形表,由电流互感器和电流表组成,外形像钳子一样。

3. 兆欧表

兆欧表是测量高值电阻和绝缘电阻的仪表,又称绝缘摇表,主要由手摇直流发电机和磁电式流比计组成。晶体管兆欧表是由高压直流电源和磁电式流比计组成的。兆欧表的接线柱有三个:L(线路)、E(接地)和G(屏蔽)。

4. 接地电阻测量仪

接地电阻测量仪主要用于直接测量各种接地装置的接地电阻和土壤电阻率。它由手摇发电机、电流互感器、滑线电阻及高灵敏度检流计组成,并附有两只接地探针和连接测试导线。国产常用型号有 ZC-88、ZC-9 等几种。

5. 数字型转速表

转速表主要用于测量电梯的运行速度。数字转速表有多种型号,如 HT-331、HT-441、ZS-8401 等。

6. 数字式温度计

电梯机件和油温可用半导体电温计进行测量。

7. 示波器

在修理直流电梯或计算机控制电梯时,须用示波器观察信号动态变化过程或对频率、幅值、相位差等电参量进行测量。常见的通用示波器有 SB-10、SBT-5 等型号。

5.2.2 电梯电气故障诊断与维修方法

电气控制系统故障比较复杂,尤其是微控电梯,线路图形复杂,原理比较深奥。遇到这种情况,不要紧张,可先易后难、先外后内、综合考虑、有的放矢、顺藤摸瓜,逐一排除。

1. 电梯电气控制系统常见故障的诊断与维修

(1) 迅速诊断和排除故障的必要条件

由于电梯电气控制系统比较复杂,又很分散,因此,要迅速排除故障全凭经验是不够的,还必须掌握电气控制系统的电路原理图,搞清楚电梯关门、启动、加速、慢速运行、到站提前换速、平层停靠开门等全过程中各控制环节的工作原理,各电气元件之间的相互控制关系,各电气元件、各继电器和接触器接点的作用。了解电路原理图中各电气元件的安装位置,存在几点配合的位置,并弄明白它们之间是怎样实现配合动作的,以及熟练掌握检测和排除故障的方法等。

只有全面掌握电路原理图的工作原理和排除故障的方法,才能准确判断,并迅速查出故障点,迅速排除故障。看不懂图纸,无根据地胡乱猜测、拆卸,就像海底捞针一样,是很难找到故障的,甚至老的故障没有排除又人为地制造出新的故障,越修问题越多,是不可能保证电梯正常运行的。

(2) 必须彻底搞清楚故障的现象

除熟识电路原理和电气元件的安装位置外,在判断和排除故障之前,必须彻底搞清楚故障的现象,才有可能根据电路原理图和故障现象,迅速准确地判断出故障的性质和范围。

搞清楚故障现象的方法很多。可以通过听取司机、乘用人员或管理人员讲述发生故障时的情况,或通过自己眼看、耳听、鼻闻、手摸,到轿内控制电梯上下运行试验,以及其他必要的检测等各种手段和方法,把故障的现象(即故障的表现形式)彻底搞清楚。

准确无误地搞清楚了故障的全部现象,就可以根据电路原理图确定故障的性质,比较准确地分析和判断故障的范围,采用行之有效的检查方法和切实可行的维修方案。

(3) 正确掌握排除一般故障的方法

对于性质不同的短路和断路两类故障,必须采用不同的检查方法。下面简要介绍以继电器、接触器、开关、按钮等构成的电路中,对这两类故障的检查步骤与方法。

① 程序检查法

电梯是按照一定程序运行的,每次运行都要经过选层、定向、关门、启动、加速、运行、换速、平层、开门、停梯的循环过程,每个工作环节都有一个独立的控制电路。程序检查法就是要确认故障发生在哪个控制环节上,尽量缩小所查的故障范围,明确排除故障的方向。这种方法不仅适用于有触点控制系统,也适用于无触点控制系统。

② 电阻测量法

在断电情况下,用万用表电阻挡测量电子电路的阻值是否正常,或通过电气线路的通断状况来判断有无故障,因为每个电子元件的正反相阻值不同,任何一个电气元件也都有一定阻值。连接电气元件的线路或开关,电阻值不是零就是无穷大,因此测量它们的阻值大小和通断情况就可以判断电子或电气元件的好坏。

③ 电位测量法

在通电情况下,测量各电子或电气元件的两端电位来确定故障部位。在正常工作情况下,闭环电路上各点的电位是一定的,电流从高电位流向低电位。通过用万用表测量控制电路上有关点的电位是否符合规定值,就可以判断出故障部位,然后再查找电位变化的原因,进而将故障排除。

④ 短路连接法

当怀疑某处某个触点或某些触点有故障时,可以用导线把某触点或某些触点短接后通电,观察故障现象是否消失。若消失,则证明判断正确,将故障元件(如触点)更换,拆除短接线。

采用短路连接法只能查找"与"逻辑关系触点的断点。禁止用此法查找不同极性、不同相序的故障,否则将会导致短路。

⑤ 断路法

有时,控制线路还可能出现一些特殊故障,如电梯没有指令信号时自动停层,这说明线路中某些触点被短接。查找此类故障的最好方法就是断路法,即将怀疑有故障的触点断开,如果故障消失,就说明判断正确。用这种方法可以判断"或"逻辑关系的故障点。

⑥ 替代法

当根据以上方法查找出故障出自某触点或某块电路板时,将有问题的元件或线路板取下,用新的元件或线路板替代,若故障消失,则判断正确,反之则须继续查找。故障确认后,立即换上新元件或电路板即可。

⑦ 经验排除故障法

维修者应在实践中不断吸取经验、总结教训。这可以帮助我们准确及时地排除故障,因为任何故障都是有规律的,掌握了这些规律,就可做到"手"到病除,收到立竿见影的效果。

⑧ 测试接触不良法

a. 观察电源柜上的电压表,观察电梯运行过程中的电压,若某项电压偏低且波动较大,该项就可能有虚接部位。

b. 用电温计测试每个连接处的温度。若某点温度过高,即可拆开某点,打磨接触面或拧紧螺丝钉。

c. 用低压大电流测试虚接部位：先将总电源断开，再将控制柜内电源断开，装一套大电流发生器。用 10 mm² 的一段导线（铜芯）作测试线，将测试导线搭接在检查面两端，将调压器缓慢升压，当短接电流达 50 A 时记录输入电压值，然后对每个可疑处都测试一次，记录每个节点的电压值，哪一处电压高，即说明该处接触不良。

d. 当怀疑随行软电缆内某根芯线时通时断时，应按图接线。当短路电流升至 8 A 时，调压器定位不动，连续折合 15 次，每次接通时间为 2～3 min。如果发现电流表不启动，说明故障位置线已被测试电流烧断。若电流值不变，则说明此线没有折断。

此外，电梯电气控制系统的程序检查与故障排除也是电梯安全生产运行的关键。

2. 电梯电气控制系统的程序诊断与故障维修

（1）电梯制造厂对电梯电气系统构成部件的质量检查和检验

电梯制造厂发货前，必须对每台电梯电气系统的电气部件进行质量检查。构成一台电梯电气系统的电气部件有十余种，检验时如果以控制柜为中心，按电路原理图连接起来，并模拟电梯的运行模式进行试验和检查，工作量太大，也没有必要。因为除控制柜外的其他部件功能均比较单一，用简单的方法就能检查判别其质量和功能是否符合要求。只有控制柜的质量检查比较麻烦，因为它是实现各种电梯功能的控制中心，装配的元器件比较多，而且必须按电路原理图进行配接线。因此，存在元器件质量问题、有无错漏配接线问题，对于 PC 或微机控制的电梯还存在编撰的程序是否正确实用的问题，这些问题必须在发货前通过程序检查去发现和解决。

电梯制造厂为做好控制柜出厂前的程序检查工作，大多按自己产品的功能特点，设计制造一个控制柜检验台，检验人员通过在试验台上的操作，就能检验出控制柜在实现电梯关门、上下方向快速启动、加速、慢速运行、到达准备停靠层站提前减速、平层停靠开门以及顺向截梯和检修慢速电动运行等功能是否正常。但是若制造厂所设计生产电梯的拖动、控制方式比较多，一台控制柜检验台则很难满足全部要求。而且一些规模和产量比较少的电梯生产厂也未必有前面所述的控制柜检验台。对于没有这种检验台的企业在检验控制柜时，分别假设控制柜的外围电路是好的（如用电线短接起来），用搭线模拟接通输入关门信号、内外指令信号、到站提前换减速信号、平层停靠开门信号等的方法，对控制柜进行全面的模拟程序检查，以此确认控制柜的质量是否符合电路原理图的设计要求，也能达到对控制柜进行质量检验的目的。

如果维修人员能够把电梯制造厂检验员检验电梯控制柜的方法移植到电梯用户使用现场，用于检查、分析、判断、排除电梯电气系统的疑难故障，必将取得良好的效果。

(2)使用现场进行程序检查与故障分析判断

在使用现场分析、判断故障的过程中,有时候会遇上一些故障现象不太明显,或故障现象虽然明显,但涉及面比较广的情况,要进一步弄清楚故障现象和缩小故障范围,或者在对电气控制系统中的部分元器件进行拆换或做比较大的整修后,要检查电气控制系统中各部位的连线是否正确,各种元器件的技术状态是否良好,电气控制系统各部分和各个环节的性能是否符合电气原理图的要求时,可以通过检查控制柜的继电器、PC、微机和接触器的动作程序是不是正确来实现。

为了安全起见,在进行程序检查之前,应把曳引电动机 YD 的电源引入线、制动器线圈 ZCQ 的电源引入线暂时拆卸掉,以免轿厢跟随检查试验作不必要而又不安全的运行,或发生溜车事故。

程序检查的基本方法是模拟司机或乘用人员的操作程序,根据电梯从启动直至停靠过程中的主要控制环节,给空盒子系统输入相应的电信号,使相应的 PC 或微机工作,继电器或接触器吸合。例如,检查人员用搭线或手直接推动相应继电器或接触器使之处于吸合状态,然后仔细观察控制柜内的有关继电器、PC 或微机和接触器的动作程序,确认是否符合电路原理图的要求。以此去检查电气控制系统是否良好,以及进一步弄清楚故障的现象和性质,缩小故障的范围等。

程序检查是确认控制系统的技术状态是否良好的好方法,也是搞清楚故障现象、分析判断故障性质、缩小故障范围、迅速寻找故障点和排除故障的好方法,便于掌握和使用。

5.2.3 电梯电气故障多发点的诊断与排除

1. 短路故障的检查

在电梯电气控制系统的故障中,短路故障与断路故障相比虽然要少得多,但也屡见不鲜。

对于短路造成的故障,若对电路作短路保护的熔断器熔体选用恰当,在造成短路故障的瞬间熔断器内的熔体必然很快烧毁,并且一换上新的熔断器又立即烧毁。因此,很难弄清楚电气控制系统各电气元件的动作情况和彻底搞清楚故障的现象,从而很难对故障进行全面分析和准确判断。

在这种情况下,可以切断电源,用万用表的电阻挡,按分区、分段的方法进行全面测量和检查,逐步查找,最终也能把故障点找到。但是,有些故障点可能要用相当长的时间,花费很大的力气才能找到,这就延长了电梯的停机修理时间。

能比较迅速地查到短路故障点的方法,是在使电气控制系统处于烧毁熔断器那一瞬间的状态下进行分区、分段送点,再查看熔断器是否烧毁。如果给甲区域送上电后熔断器不烧毁,而给乙区域送上电后熔断器立即烧毁,短路故障点肯定在乙区域内。若乙区域比较大,还可以将其分为若干段,再按上述方法分段送电检查。

实践证明,采用分区、分段送电方法检查短路性质的故障,可以很快地把发生故障的范围缩小到最低限度。然后切断电源,用万用表的电阻挡进行测量和检查,就能迅速准确地找到故障点,把故障排除。

采用分区、分段送电方法检查短路故障时,熔断器的熔体应用普通熔丝代替,而且熔丝的熔量应尽可能小些,必要时为了安全还应拆去曳引电动机的输入电源。

2. 断路故障的检查

对于电压等级为 220 V、110 V 或更低的控制电路,检查短路故障的方法,有采用万用表进行检查和采用 220 V 的低压灯泡进行检查两种。

采用万用表检查断路故障时,可分别用表的电阻挡和电压挡进行测量检查。但用电阻挡和电压挡进行检查的方法略有不同。

用电阻挡进行检查时,需切断电路的电源,然后根据电路原理图逐段测量电路的电阻,并根据电阻值的大小分析、确定故障点。

用电压挡进行检查时,需给电路送上电源,然后再根据电路原理图逐段测量电路的电压,并根据电压值的大小分析、确定故障点。

但用万用表检查故障不太方便,因为电表的体积和重量较大,而且是比较精密、贵重的仪器。若检查时把表放得太远,表针的指示或数字显示情况看不清楚;若放得近一些,不一定有合适的位置。而且在检查过程中,还需根据被测对象的具体情况,随时扳动表的转换开关,以适应测量对象的要求,转换开关扳放错位,轻则影响测量结果,重则烧毁电表。

采用 220 V 的低压灯泡检查 220 V、110 V 或电压等级更低的交、直流电路的通断故障,与用万用表比较,既方便又安全。检查 3×380 V 的交流供电电路时,只要方法对(如各相分别对地)或速度快,灯泡也不至于被烧毁。若灯泡的端电压为 220 V 时亮度正常,当端电压为 110 V 时则较暗,随着电压的降低,灯泡的亮度会越来越暗。用作检查这类故障的灯泡,其功率最好小一些,并应带有防护罩。

用低压灯泡检查电路通断的方法,与用万用表电压挡检查电路通断的方法基本相同。

表 5-1 所示为电梯电气控制系统常见故障及排除方法,当遇到类似故障时可作为分析、检查的参考。因故障的原因是千变万化的,只有努力掌握电梯电气控制系统的结构原理和必要的基本维修技能,才能迅速准确地排除故障。

表 5-1 电梯电气控制系统常见故障及排除方法一览表

故障现象	主要原因	排除方法
按关门按钮不能自动关门	开关门电路的熔断器熔体烧断	更换熔体
	关门继电器损坏或其控制电路有故障	更换继电器或检查其电路故障点并修复
	关门第一限位开关的接点接触不良或损坏	更换限位开关
	安全触板不能复位或触板开关损坏	调整安全触板或更换触板开关
	光电门保护装置有故障	修复或更换
在基站厅外转动开关门钥匙开关不能开启厅门	厅外开关门钥匙开关接点接触不良或损坏	更换钥匙开关
	基站厅外开关门控制开关接点接触不良或损坏	更换开关门控制开关
	开门第一限位开关的接点接触不良或损坏	更换限位开关
	开门继电器损坏或其控制电路有故障	更换继电器或检查其电路故障点并修复
电梯到站不能自动开门	开关门电路熔断器熔体烧断	更换熔体
	开门限位开关接点接触不良或损坏	更换限位开关
	提前开门传感器插头接触不良、脱落或损坏	修复或更换插头
	开门继电器损坏或其控制电路有故障	更换继电器或检查其电路故障点并修复
	开门机传动皮带松脱或断裂	调整或更换皮带
开关门时冲击声过大	开关门限速粗调电阻调整不妥	调整电阻环位置
	开关门限速细调电阻调整不妥或调整环接触不良	调整电阻环位置或调整其接触压力
开关门过程中门扇抖动或有卡阻现象	踏板滑槽内有异物堵塞	清除异物
	吊门滚轮的偏心挡轮松动,与上坎的间隙过大或过小	调整并修复
	吊门滚轮与门扇连接螺栓松动或滚轮严重磨损	调整或更换吊门滚轮

续表

故障现象	主要原因	排除方法
选层登记且电梯门关妥后电梯不能启动运行	厅、轿门电联锁开关接触不良或损坏	检查修复或更换电联锁开关
	电源电压过低或断相	检查并修复
	制动器抱闸未松开	调整制动器
	直流电梯的励磁装置有故障	检查并修复
轿厢启动困难或运行速度明显降低	电源电压过低或断相	检查并修复
	制动器抱闸未松开	调整制动器
	直流电梯的励磁装置有故障	检查并修复
	曳引电动机滚动轴承润滑不良	补油或清洗、更换润滑油脂
	曳引机减速器润滑不良	补油或更换润滑油
轿厢运行时有异常的噪声或震动	导轨润滑不良	清洗导轨或加油
	导向轮或反绳轮轴与轴套润滑不良	补油或清洗换油
	传感器与隔磁板有碰撞现象	调整传感器或隔磁板位置
	导靴靴衬严重磨损	更换靴衬
	滚轮式导靴轴承磨损	更换轴承
轿厢平层误差过大	轿厢过载	严禁过载
	制动器未完全松闸或调整不妥	调整制动器
	制动器刹车带严重磨损	更换刹车带
	平层传感器与隔磁板的相对位置尺寸发生变化	调整平层传感器与隔磁板相对位置尺寸
	再生制动力矩调整不妥	调整再生制动力矩
轿厢运行未到换速点突然换速停车	门刀与厅门锁滚轮碰撞	调整门刀或门锁滚轮
	门刀或厅门锁调整不妥	调整门刀或厅门锁
轿厢运行到预定停靠层站的换速点不能换速	该预定停靠层站的换速传感器损坏或换速隔磁板的位置尺寸调整不妥	更换传感器或调整传感器与隔磁板之间的相对位置尺寸
	该预定停靠层站的换速继电器损坏或其控制电路有故障	更换继电器或检查其电路故障点并修复
	机械选层器换速触头接触不良	调整触点接触压力
	快速接触器不复位	调整快速接触器

续表

故障现象	主要原因	排除方法
轿厢到站平层不能停靠	上、下平层传感器的干簧管接点接触不良或隔磁板与传感器的相对位置参数尺寸调整不妥	更换干簧管或调整传感器与隔磁板的相对位置参数尺寸
	上、下平层继电器损坏或其控制电路有故障	更换继电器或检查其电路故障点并修复
	上、下方向接触器不复位	调整上、下方向接触器
有慢车,没有快车	轿门、某层站的厅门电联锁开关接点接触不良或损坏	更换电联锁开关
	直流电梯的励磁装置有故障	检查并修复
	上、下运行控制继电器、快速接触器损坏或其控制电路有故障	更换继电器、接触器或检查其电路故障点并修复
上行正常,下行无快车	下行第一、二限位开关接点接触不良或损坏	更换限位开关
	直流电梯的励磁装置有故障	检查并修复
	下行控制继电器、接触器损坏或其控制电路有故障	更换继电器、接触器,或检查其电路故障点并修复
下行正常,上行无快车	上行第一、二限位开关接点接触不良或损坏	更换限位开关
	直流电梯的励磁装置有故障	检查并修复
	上行控制继电器、接触器损坏,或其控制电路有故障	更换继电器、接触器,或检查其电路故障点并修复
轿厢运行速度忽快忽慢	直流电梯的测速发电机有故障	修复或更换测速发电机
	直流电梯的励磁装置有故障	检查并修复
电网供电正常,但没有快车也没有慢车	主电路或直流、交流控制电路的熔断器熔体烧断	更换熔体
	电压继电器损坏,或其电路中的安全保护开关的接点接触不良、损坏	更换电压继电器或有关安全保护开关

5.2.4 电梯电气故障维修实例

1. 主控制系统故障(代码)分析及处理方法

各个厂家的控制系统,虽然故障代码命名各异,但是针对相应故障的分析及处理方法是基本类似的。

电梯一体化控制器有 70 多项警示信息和保护功能。电梯一体化控制器实时监视各种输入信号、运行条件、外部反馈信息等,一旦发生异常,相应的保护功能就会起作用,电梯一体化控制器会显示故障代码。

电梯一体化控制器是一个复杂的电控系统,它产生的故障信息可以根据对系统的影响程度分为 5 个类别,不同类别的故障相应的处理方式也不同,对应关系如表 5-2 所示。

表 5-2 故障类别说明

故障类别	电梯一体化控制器故障状态	电梯一体化控制器处理方式
1 级故障	◆ 显示故障代码 ◆ 故障继电器输出动作	1A:各种工况运行不受影响
2 级故障	◆ 显示故障代码 ◆ 故障继电器输出动作 ◆ 可以进行电梯的正常运行	2A:并联/群控功能无效
		2B:提前开门/再平层功能无效
3 级故障	◆ 显示故障代码 ◆ 故障继电器输出动作 ◆ 停机后立即封锁输出,关闭抱闸	3A:低速时特殊减速停车,不可再启动
		3B:低速运行不停车,高速停车后延迟 3 s,低速可再次运行
4 级故障	◆ 显示故障代码 ◆ 故障继电器输出动作 ◆ 距离控制时系统减速停车,不可再运行	4A:低速时特殊减速停车,不可再启动
		4B:低速运行不停车,高速停车后延迟 3 s,低速可再次运行
		4C:低速运行不停车,停车后延迟 3 s,低速可再次运行
5 级故障	◆ 显示故障代码 ◆ 故障继电器输出动作 ◆ 立即停车	5A:低速立即停车,不可再启动运行
		5B:低速运行不停车,停车后延迟 3 s,低速可以再次运行

下面以目前市场占有率较高的 NICE 3000+电梯一体化控制器的故障报警为例,分析电梯电气故障的诊断与维修处理,如表 5-3 所示。

表 5-3　e-com 控制系统故障诊断分析与处理方法

故障码	故障描述	故障原因	解决对策	类别
Err02	加速过电流	主回路输出接地或短路	◆ 检查电机接线是否正确,是否将地线接错 ◆ 检查封星接触器是否造成控制器输出短路 ◆ 检查电机线是否有表层破损	5A
		电机是否进行了参数调谐	◆ 按照电机铭牌设置电机参数,重新进行电机参数自学习	
		编码器信号不正确	◆ 检查编码器每转脉冲数设定是否正确 ◆ 检查编码器信号是否受干扰:编码器走线是否独立穿管,走线距离是否过长,屏蔽层是否单端接地 ◆ 检查编码器安装是否可靠,旋转轴是否与电机轴连接牢靠,高速运行中是否平稳 ◆ 检查编码器相关接线是否正确可靠。异步电机可尝试开环运行,比较电流,以判断编码器是否工作正常	
		电机相序接反	◆ 调换电机 UVW 相序	
		加速时间太短	◆ 减小加速度	
Err03	减速过电流	主回路输出接地或短路	◆ 检查电机接线是否正确,是否将地线接错 ◆ 检查封星接触器是否造成控制器输出短路 ◆ 检查电机线是否有表层破损	5A
		电机是否进行了参数调谐	◆ 按照电机铭牌设窗电机参数,重新进行电机参数自学习	
		编码器信号不正确	◆ 检查编码器每转脉冲数设定是否正确 ◆ 检查编码器信号是否受干扰:编码器走线是否独立穿管,走线距离是否过长,屏蔽层是否单端接地 ◆ 检查编码器安装是否可靠,旋转轴是否与电机轴连接牢靠,高速运行中是否平稳 ◆ 检查编码器相关接线是否正确可靠。异步电机可尝试开环运行,比较电流,以判断编码器是否工作正常	
		减速曲线太陡	◆ 减小减速度	

续表

故障码	故障描述	故障原因	解决对策	类别
Err04	恒速过电流	主回路输出接地或短路	◆ 检查电机接线是否正确,是否将地线接错 ◆ 检查封星接触器是否造成控制器输出短路 ◆ 检查电机线是否有表层破损	5A
		电机是否进行了参数调谐	◆ 按照电机铭牌设置电机参数,重新进行电机参数自学习	
		编码器信号不正确	◆ 检查编码器每转脉冲数设定是否正确 ◆ 检查编码器信号是否受干扰:编码器走线是否独立穿管,走线距离是否过长,屏蔽层是否单端接地 ◆ 检查编码器安装是否可靠,旋转轴是否与电机轴连接牢靠,高速运行中是否平稳 ◆ 检查编码器相关接线是否正确可靠。异步电机可尝试开环运行,比较电流,以判断编码器是否工作正常	
Err05	加速过电压	输入电压过高	◆ 检查输入电压是否过高;观察母线电压是否过高(正常 380 V 输入时,母线电压在 540～580 V 之间)	5A
		制动电阻选择偏大,或制动单元异常	◆ 检查平衡系数 ◆ 检查母线电压在运行中是否上升太快,如果太快说明制动电阻没有工作或者选型不合适 ◆ 检查制动电阻接线是否有破损,是否有搭地现象,接线是否牢靠 ◆ 请参照制动电阻推荐参数表重新确认实际阻值是否合理 ◆ 如果制动电阻阻值正常,电梯每次均在速度达到目标速度时发生过压,则有可能需要将 F2-01/04 的值减小,以减小曲线跟随误差,防止因系统超调引起过电压	
		加速区间的加速度太大	◆ 减小加速度	
Err06	减速过电压	输入电压过高	◆ 检查输入电压是否过高;观察母线电压是否过高(正常 380 V 输入时,母线电压在 540～580 V 之间)	5A

续表

故障码	故障描述	故障原因	解决对策	类别
Err06	减速过电压	制动电阻选择偏大，或制动单元异常	◆ 检查平衡系数 ◆ 检查母线电压在运行中是否上升太快，如果太快说明制动电阻没有工作或者选型不合适 ◆ 检查制动电阻接线是否有破损，是否有搭地现象，接线是否牢靠 ◆ 请参照制动电阻推荐参数表重新确认实际阻值是否合理 ◆ 如果制动电阻阻值正常，电梯每次均在速度达到目标速度时发生过压，则有可能需要将F2-01/04的值减小，以减小曲线跟随误差，防止因系统超调引起过电压	5A
		减速区间的减速度太大	◆ 减小减速度	
Err07	恒速过电压	输入电压过高	◆ 检查输入电压是否过高；观察母线电压是否过高（正常380V输入时，母线电压在540～580 V之间）	5A
		制动电阻选择偏大，或制动单元异常	◆ 检查平衡系数 ◆ 检查母线电压在运行中是否上升太快，如果太快说明制动电阻没有工作或者选型不合适 ◆ 检查制动电阻接线是否有破损，是否有搭地现象，接线是否牢靠 ◆ 请参照制动电阻推荐参数表重新确认实际阻值是否合理 ◆ 如果制动电阻阻值正常，电梯每次均在速度达到目标速度时发生过压，则有可能需要将F2-01/04的值减小，以减小曲线跟随误差，防止因系统超调引起过电压	
Err08	维保提醒故障	在设定的时间内，电梯没有进行断电维保	◆ 对电梯进行断电维保 ◆ 取消F9-13保养天数检测功能 ◆ 请与代理商或厂家联系	5A
Err09	欠电压故障	输入电源瞬间停电	◆ 检查是否有运行中电源断开的情况 ◆ 检查所有电源输入线接线桩头是否连接牢靠	5A
		输入电压过低	◆ 检查外部电源是否偏低	
		驱动控制板异常	◆ 请与代理商或厂家联系	

续表

故障码	故障描述	故障原因	解决对策	类别
Err10	控制器过载	机械阻力过大	◆ 检查抱闸是否没有打开,检查抱闸供电电源是否正常 ◆ 检查导靴是否过紧	5A
		平衡系数不合理	◆ 检查平衡系数是否合理	
		编码器反馈信号是否正常	◆ 检查编码器反馈信号及参数设定是否正确,同步电机编码器初始角度是否正确	
		电机调谐不准确(调谐不准确时,电梯运行的电流会偏大)	◆ 检查电机相关参数是否正确,重新进行电机调谐 ◆ 如果做打滑实验时出现此故障,请尝试使用F3-24的打滑功能完成打滑实验	
		电机相序接反	◆ 检查电机 UVW 相序是否正确	
		变频器选型过小	◆ 在电梯空轿厢、稳速运行过程中,检查电流是否已经达到变频器额定电流以上	
Err11	电机过载	机械阻力过大	◆ 检查抱闸是否没有打开,检查抱闸供电电源是否正常 ◆ 检查导靴是否过紧	5A
		平衡系数不合理	◆ 检查平衡系数是否合理	
		电机调谐不准确(调谐不准确时,电梯运行的电流会偏大)	◆ 检查电机相关参数是否正确,重新进行电机调谐 ◆ 如果做打滑实验时出现此故障,请尝试使用F3-24的打滑功能完成打滑实验	
		电机相序接反	◆ 检查电机 UVW 相序是否正确	
		电机选型过小	◆ 在电梯空轿厢、稳速运行过程中,检查电流是否已经达到电机额定电流以上	
Err12	输入侧缺相	输入电源不对称	◆ 检查输入侧三相电源是否缺相 ◆ 检查输入侧三相电源是否平衡 ◆ 检查电源电压是否正常,调整输入电源	5A
		驱动控制板异常	◆ 请与代理商或厂家联系	
Err13	输出侧缺相	主回路输出接线松动	◆ 检查电机连线是否牢固 ◆ 检查输出侧运行接触器是否正常	5A
		电机损坏	◆ 确认电机内部是否有异常	

续表

故障码	故障描述	故障原因	解决对策	类别
Err14	模块过热	环境温度过高	◆ 降低环境温度	5A
		风扇损坏	◆ 更换风扇	
		风道堵塞	◆ 清理风道 ◆ 检查控制器的安装空间距离是否符合要求	
Err15	输出侧异常	子码1:制动电阻短路	◆ 检查制动电阻、制动单元接线是否正确,确保无短路 ◆ 检查主接触器工作是否正常,是否有拉弧或者粘连等情况	5A
		子码2:制动IGBT短路故障	◆ 请与厂家或代理商联系	
Err16	电流控制故障	子码1:励磁电流偏差过大	◆ 检查输入电压是否偏低(多见于临时电流时) ◆ 检查控制器与电机间连线是否牢固 ◆ 检查运行接触器是否正常工作	5A
		子码2:力矩电流偏差过大		
		子码3:速度偏差(欠值)过大	◆ 检查编码器回路: ① 检查编码器每转脉冲数设定是否正确 ② 检查编码器信号是否受干扰 ③ 检查编码器走线是否独立穿管,走线距离是否过长;屏蔽层是否单端接地 ④ 检查编码器安装是否可靠,旋转轴与电机轴连接是否牢靠,高速运行中是否平稳 ◆ 确认电机参数是否正确,重新进行调谐 ◆ 尝试增大 F2-08 转矩上限	
Err17	调谐时编码器干扰	子码1:保留	◆ 保留	5A
		子码2:正余弦编码器信号异常	◆ 正余弦编码器 C、D、Z 信号受干扰严重,请检查编码器走线是否与动力线分开,以及系统接地是否良好 ◆ 检查 PG 卡连线是否正确	
		子码3:UVW编码器信号异常	◆ UVW 编码器 U、V、W 信号受干扰严重,请检查编码器走线是否与动力线分开,以及系统接地是否良好 ◆ 检查 PG 卡连线是否正确	
Err18	电流检测故障	驱动控制板异常	◆ 请与代理商或厂家联系	5A

续表

故障码	故障描述	故障原因	解决对策	类别
Err19	电机调谐故障	子码1:定子电阻辨识失败	◆ 检测电机线是否正常连接	5A
		子码5:磁极位置辨识失败		
		子码8:选择了同步机静止自学习,但是编码器类型不为正余弦编码器	◆ 选择其他调谐方式或者更换为正余弦编码器	
		子码9:同步机静态调谐,CD信号波动过大	◆ 正余弦编码器CD信号硬件干扰,检测接地是否良好	
		子码12:同步机免角度自学习时,编码器零点角度未学习到报警	◆ 半自动免角度自学习,需要在检修模式下获取编码器零点位置角后,才能快车运行	
Err20	速度反馈错误故障	子码1:同步机空载调谐时未检测到编码器信号	◆ 检查编码器信号线路是否正常 ◆ 检查PG卡是否正常 ◆ 检查抱闸是否没有打开	5A
		子码4:同步机辨识过程检测不到Z信号		
		子码5:SIN_COS编码器信号断线	◆ 检查编码器信号线路是否正常 ◆ 检查PG卡是否正常	
		子码7:UVW编码器信号断线		
		子码14:正常运行Z信号丢失		
		子码2、子码8:保留	◆ 保留	
		子码3、子码15:电机线序接反	◆ 请调换电机UVW三相中的任意两相的线序 ◆ 同步机带载调谐情况下,检测抱闸是否没有打开	
		子码9:速度偏差过大	◆ 同步机角度异常,请重新进行电机调谐 ◆ 零伺服速度环KP偏大,请尝试减小零伺服速度环KP ◆ 速度增益偏大或者积分时间偏小,请尝试减小速度环增益或者增大积分时间 ◆ 检查电机UVW相序是否正确	

续表

故障码	故障描述	故障原因	解决对策	类别
Err20	速度反馈错误故障	子码12：启动过程中编码器AB信号丢失	◆ 检查抱闸是否打开 ◆ 检查编码器AB信号是否断线 ◆ 打滑实验时电机无法启动，请使用F3-24的打滑功能	
		子码13：运行过程中编码器AB信号丢失	◆ 运行过程中编码器AB信号突然丢失，请检查编码器接线是否正常，是否存在强烈干扰或者检查是否有运行中抱闸突然断电抱死的情况	
		子码19：运行中正余弦编码器信号受干扰严重	◆ 电机运行过程中，编码器模拟量信号受到严重干扰，或者编码器信号接触不良，须检查编码器回路	
		子码55：调谐中正余弦编码器信号受干扰严重或CD信号错误	◆ 电机调谐过程中，编码器模拟量信号受到严重干扰，或者编码器C、D信号接反	
Err21	参数设置错误	子码2：最大频率的设定值小于电机的额定频率	◆ 增大最大频率F0-06的值，使其大于电机的额定频率	
		子码3：编码器类型设置错误	◆ 正余弦编码器、绝对值编码器或者ABZ编码器误设成UVW编码器，检测F1-00的设定值是否与所用编码器匹配	
Err22	平层信号异常	子码101：平层信号粘连	◆ 检查平层、门区感应器是否正常工作 ◆ 检查平层插板安装的垂直度、对感应器的插入深度是否足够 ◆ 检查主控制板平层信号输入点是否正常工作	1A
		子码102：平层信号丢失		
		子码103：电梯在自动运行状态下，平层位置校验脉冲偏差过大	◆ 检查钢丝绳是否存在打滑现象	
Err23	短路故障	子码1、2、3：对地短路故障	◆ 检查变频器三相输出是否接地	5A
		子码4：相间短路故障	◆ 检测变频器三相输出是否相间或对地短路	
Err24	RTC时钟故障	子码101：控制板时钟信息异常	◆ 更换时钟电池 ◆ 更换主控板	3B

续表

故障码	故障描述	故障原因	解决对策	类别
Err25	存储数据异常	子码 101、102、103：主控制板存储数据异常	◆ 请与代理商或厂家联系	4A
Err26	地震信号	子码 101：地震信号有效，且大于 2 s	◆ 检查地震输入信号与主控板参数设定是否一致（常开、常闭）	3B
Err27	专机故障	保留	◆ 请联系厂家或代理商	—
Err28	维修故障	保留	◆ 请联系厂家或代理商	—
Err29	封星接触器反馈异常	子码 101：主板封星接触器反馈异常 子码 102：IO 扩展板封星接触器反馈异常	◆ 检查封星接触器反馈输入信号状态是否正确（常开、常闭） ◆ 检查封星接触器及相对应的反馈触点动作是否正常 ◆ 检查封星接触器线圈电路供电是否正常	5A
Err30	电梯位置异常	子码 101、102：快车或返平层运行模式下，一定时间内平层信号无变化	◆ 检查平层信号线连接是否可靠，是否有可能搭地，或者与其他信号短接 ◆ 检查楼层间距是否较大，或者返平层速度(F3-21)设置太小导致返平层时间过长	4A
Err31	保留	保留	◆ 保留	—
Err32	保留	保留	◆ 保留	—
Err33	电梯速度异常	子码 101：快车运行超速	◆ 确认旋转编码器参数设置及接线是否正确 ◆ 检查电机铭牌参数设定，重新进行电机调谐	5A
		子码 102：检修或井道自学习运行超速	◆ 尝试降低检修速度，或重新进行电机调谐	
		子码 103：自溜车运行超速	◆ 检查封星功能是否有效 ◆ 检查电机 UVW 相序是否正确	
		子码 104、105：应急运行超速	◆ 检查应急电源容量是否匹配 ◆ 检查应急运行速度设定是否正确	
		子码 106：控制板测速偏差过大	◆ 检查旋转编码器接线 ◆ 检查控制板与底层的 SPI 通信质量是否良好	
Err34	逻辑故障	控制板冗余判断，逻辑异常	◆ 请与代理商或厂家联系，更换控制板	5A

续表

故障码	故障描述	故障原因	解决对策	类别
Err35	井道自学习数据异常	子码 101：自学习启动时，当前楼层不是最低层或下一级强追减速无效	◆ 检查下一极强追减速是否有效，检查当前楼层 F4-01 是否为最低层	4C
		子码 102：井道自学习过程中检修开关断开	◆ 检查电梯是否在检修状态	
		子码 103：上电判断未进行井道自学习	◆ 重新进行井道自学习	
		子码 104、113、114：距离控制模式下，启动运行时判断未进行井道自学习		
		子码 105：电梯运行与脉冲变化方向不一致	◆ 请确认电梯运行时变化是否与 F4-03 的脉冲变化一致：电梯上行，F4-03 增加；电梯下行，F4-03 减小	
		子码 106、107、109：上下平层感应间隔、插板脉冲长度异常	◆ 平层感应器常开、常闭设定错误 ◆ 平层感应器信号有闪动，请检查插板是否安装到位，检查是否有强电干扰	
		子码 108、110：自学习平层信号超过 45 s 无变化	◆ 检查平层感应器接线是否正常 ◆ 检查楼层间距是否过大，导致运行超时，可以增大井道自学习的速度(F3-11)重新进行井道自学习，使电梯在 45 s 内能学完最高楼层	
		子码 111、115：存储的楼高小于 50 cm	◆ 若有楼层高度小于 50 cm，请开通超短层功能；若无请检查这一层的插板安装，或者检查感应器及其接线是否正常	
		子码 112：自学习完成当前层不是最高层	◆ 最高楼层 F6-00 设定错误或平层插板缺失	
		子码 116：上下平层信号接反	◆ 检查上下平层接线是否正确 ◆ 检查上下平层间隙是否合理	

续表

故障码	故障描述	故障原因	解决对策	类别
Err36	运行接触器反馈异常	子码101:运行接触器未输出,但运行接触器反馈有效	◆ 检查接触器反馈触点动作是否正常 ◆ 确认反馈触点信号特征(NO,NC)	5A
		子码102:运行接触器有输出,但运行接触器反馈无效		
		子码104:运行接触器复选反馈点动作状态不一致		
		子码105:再平层启动前运行接触器反馈有效		
		子码103:异步电机,加速段到匀速段电流过小(≤0.1 A)	◆ 检查电梯一体化控制器的输出线 UVW 是否连接正常,检查运行接触器线圈控制回路是否正常	
Err37	抱闸接触器反馈异常	子码101:抱闸接触器输出与抱闸反馈状态不一致	◆ 检查抱闸接触器是否正常吸合 ◆ 检查抱闸接触器反馈点(NO、NC)设置是否正确 ◆ 检查抱闸接触器反馈线路是否正常	5A
		子码102:复选的抱闸接触器反馈点动作状态不一致	◆ 检查抱闸接触器复选点常开、常闭设置是否正确 ◆ 检查多路复选点反馈状态是否一致	
		子码103:抱闸接触器输出与抱闸行程1反馈状态不一致	◆ 检查抱闸行程1/2反馈点常开、常闭设置是否正确 ◆ 检查抱闸行程1/2反馈线路是否正常	
		子码106:抱闸接触器输出与抱闸行程2反馈状态不一致		
		子码105:启动运行开抱闸前,抱闸接触器反馈有效	◆ 检查抱闸接触器反馈信号是否误动作	
		子码104:复选的抱闸行程1反馈状态不一致	◆ 检查抱闸行程1/2反馈复选点常开、常闭设置是否正确 ◆ 检查多路复选点反馈状态是否一致	
		子码107:复选的抱闸行程2反馈状态不一致		

续表

故障码	故障描述	故障原因	解决对策	类别
Err37	抱闸接触器反馈异常	子码108：抱闸接触器输出与IO扩展板上抱闸行程1反馈状态不一致 子码109：抱闸接触器输出与IO扩展板上抱闸行程2反馈状态不一致	◆ 检查IO扩展板上的抱闸行程1/2反馈点常开、常闭设置是否正确 ◆ 检查抱闸行程1/2反馈线路是否正常	5A
Err38	旋转编码器信号异常	子码101：F4-03脉冲信号无变化时间超过F1-13时间值	◆ 确认旋转编码器使用是否正确 ◆ 确认抱闸工作是否正常	5A
		子码102：电机下行，(F4-03)脉冲增加	◆ 确认旋转编码器参数设置是否正确，接线是否正常有效 ◆ 检查系统接地与信号接地是否可靠 ◆ 检查电机UVW相序是否正确	
		子码103：电机上行，(F4-03)脉冲减小		
		子码104：距离控制方式下，设定了开环运行	◆ 距离控制下，设置为闭环运行(F0-00=1)	
		子码105：电梯上行，下一级强减有效的同时下限位开关动作	◆ 检查上下限位开关接线是否正常	
		子码106：电梯下行，上一级强减有效的同时上限位开关动作		
Err39	电机过热故障	子码101：电机过热继电器输入有效，且持续一定时间	◆ 检查参数是否设置错误(NO/NC) ◆ 检查热保护继电器座是否正常 ◆ 检查电机是否使用正确，电机是否损坏 ◆ 改善电机的散热条件	3A
Err40	保留	保留	◆ 联系代理商或厂家解决	4B
Err41	安全回路断开	子码101：安全回路信号断开	◆ 检查安全回路各开关，查看其状态 ◆ 检查外部供电是否正确 ◆ 检查安全回路接触器动作是否正确 ◆ 检查安全反馈触点信号特征(NO/NC)	5A

续表

故障码	故障描述	故障原因	解决对策	类别
Err42	运行中门锁断开	子码101、102：电梯运行过程中，门锁反馈无效	◆ 检查厅、轿门锁是否连接正常 ◆ 检查门锁接触器动作是否正常 ◆ 检查门锁接触器反馈点信号特征(NO/NC) ◆ 检查外围供电是否正常	5A
Err43	上限位信号异常	子码101：电梯向上运行过程中，上限位信号动作	◆ 检查上限位信号特征(NO/NC) ◆ 检查上限位开关是否接触正常 ◆ 限位开关安装偏低，正常运行至端站也会动作	4A
Err44	下限位信号异常	子码101：电梯向下运行过程中，下限位信号动作	◆ 检查下限位信号特征(NO/NC) ◆ 检查下限位开关是否接触正常 ◆ 限位开关安装偏高，正常运行至端站也会动作	4A
Err45	强迫减速开关异常	子码101：井道自学习时，下强迫减速距离不足	◆ 检查上、下强迫减速开关是否接触正常 ◆ 确认上、下强迫减速信号特征(NO/NC) ◆ 确认强迫减速安装距离满足此梯速下的减速要求	4B
		子码102：井道自学习时，上强迫减速距离不足		
		子码103：正常运行时，强迫减速粘连或位置异常		
		子码106：井道自学习时，上、下2级强迫减速信号动作异常	◆ 检查2级上、下强迫减速信号是否接反 ◆ 检查2级上、下强迫减速信号特征(NO/NC)	
		子码107：井道自学习时，上、下3级强迫减速信号动作异常	◆ 检查3级上、下强迫减速信号是否接反 ◆ 检查3级上、下强迫减速信号特征(NO/NC)	
Err46	再平层异常	子码101：再平层运行时，平层信号无效	◆ 检查平层信号是否正常	2B
		子码102：再平层运行时，速度超过0.1 m/s	◆ 确认旋转编码器使用是否正确	

137

续表

故障码	故障描述	故障原因	解决对策	类别
Err47	封门接触器异常	子码101:封门接触器输出连续2 s,但封门反馈无效或者门锁反馈断开	◆ 检查封门接触器反馈输入点(NO/NC) ◆ 检查封门接触器动作是否正常	2B
		子码102:封门接触器无输出,封门反馈有效连续2 s		
		子码106:再平层运行启动前检测到封门反馈有效		
		子码103:平层或者提前开门远行,封门接触器输出时间大于15 s	◆ 检查平层、再平层信号是否正常 ◆ 检查再平层速度设置是否太低	
Err48	开门故障	子码101:续开门不到位次数超过FB-09设定	◆ 检查门机系统工作是否正常 ◆ 检查轿顶控制板输出是否正常 ◆ 检查开门到位信号、门锁信号是否正确	5A
Err49	关门故障	子码101:续开门不到位次数超过FB-09设定	◆ 检查门机系统工作是否正常 ◆ 检查轿顶控制板输出是否正常 ◆ 检查关门到位、门锁动作是否正确	5A
Err50	平层信号连续丢失	子码101:连续三次检测到平层信号粘连	◆ 请检查平层、门区感应器是否正常工作 ◆ 检查平层插板安装的垂直度与深度 ◆ 检查主控制板平层信号输入点 ◆ 检查钢丝绳是否存在打滑	5A
		子码102:连续三次检测到平层信号丢失		
Err51	CAN通信故障	子码101:轿顶板CAN通信持续一定时间收不到正确数据	◆ 检查通信线缆连接 ◆ 检查轿顶控制板供电 ◆ 检查一体化控制器24 V电源是否正常 ◆ 检查是否存在强电干扰通信	1A
Err52	外召通信故障	子码101:与外呼Modbus通信持续一定时间收不到正确数据	◆ 检查通信线缆连接 ◆ 检查一体化控制器的24 V电源是否正常 ◆ 检查外召控制板地址设定是否重复 ◆ 检查是否存在强电干扰通信	1A

续表

故障码	故障描述	故障原因	解决对策	类别
Err53	门锁故障	子码101：开门输出3 s后，封门撤销后，门锁反馈信号有效	◆ 检查门锁回路是否被短接 ◆ 检查门锁反馈是否正确	5A
		子码102：门锁复选点反馈信号状态不一致，或门锁1、门锁2反馈状态不一致		
		子码105：开门输出3 s后，封门输出时，门锁1短接信号有效		
		子码106：开门输出3 s后，封门输出时，门锁2短接信号有效		
		子码104：高低压门锁信号不一致	◆ 检查高低压门锁状态反馈是否一致，高低压门锁状态不一致1.5 s以上时报故障，断电复位	
		子码107：门锁短输入参数选择但是反馈信号持续断开或未接入	◆ 检查门锁短接反馈信号线是否未接或断线	
Err54	检修启动过电流	子码102：检修运行启动时，电流超过额定电流的120%	◆ 减轻负载 ◆ 检查电机UVW相序是否正确 ◆ 更改参数FC-00的Bit1为1，取消检测启动电流功能	5A
Err55	换层停靠故障	子码101：自动运行开门过程中，开门时间大于FB-06开门保护时间，收不到开门到位信号	◆ 检查该楼层开门到位信号	1A
Err56	开关门信号故障	子码101：运行过程中开门到位信号无效	◆ 检查F5-25的开关门信号的常开、常闭设置 ◆ 检查开关门信号接线	5A
		子码102：运行过程中关门到位信号无效		

续表

故障码	故障描述	故障原因	解决对策	类别
Err56	开关门信号故障	子码 103：开关门到位信号同时有效	◆ 检查 F5-25 的开关门信号的常开、常闭设置 ◆ 检查开关门信号接线	5A
		子码 104：开门 3 s 后，关门到位信号持续不断开，在设置门锁旁路后检测该故障子码	◆ 检查关门到位信号是否一直有效	
Err57	SPI 通信故障	子码 101～102：控制板与逆变 DSP 板通信异常	◆ 检查控制板和驱动板连线是否正确	5A
		子码 103：专机主板与底层不匹配故障	◆ 请联系代理商或者厂家	
Err58	位置保护开关异常	子码 101：上下 1 级强迫减速同时断开	◆ 检查强迫减速开关、限位开关 NO/NC 属性与主控板 ◆ 检查参数 NO/NC 设置是否一致 ◆ 检查强迫减速开关、限位开关是否误动作	4B
		子码 102：上下限位反馈同时断开		
Err59	保留	保留	保留	—
Err60	保留	保留	保留	—
Err61	保留	保留	保留	—
Err62	模拟量断线	子码 101：称重模拟量断线	◆ 检查模拟量称重通道选择 F5-36 是否设置正确 ◆ 检查轿顶板或主控板模拟量输入接线是否正确，是否存在断线 ◆ 调整称重开关功能	3B
Err64	外部故障	子码 101：外部故障信号持续 2 s 有效	◆ 检查外部故障点的常开、常闭点设置 ◆ 检查外部故障点的输入信号状态	5A
Err65	UCMP 检测异常	开启 UCMP 功能检测时报此故障当轿厢出现意外移位时，报此故障	◆ 请检查抱闸是否完全闭合，确认轿厢无意外移位	5A
Err66	抱闸制动力检测异常	开启制动力检测时，检测到制动力不足时报此故障	◆ 请检查抱闸间隙	5A

续表

故障码	故障描述	故障原因	解决对策	类别
Err67	AFE故障	子码01:过流故障	◆ 检查AFE或变频器是否接地或短路 ◆ 检查控制器参数设置是否合理 ◆ 检查电网是否异常,是否输出振荡 ◆ 检查机器内部故障 ◆ 请联系厂家	5A
		子码02:AFE过热 子码04:母线欠压	◆ 检查环境温度是否过高 ◆ 检查风扇是否有故障,风道是否堵塞 ◆ 检查模块是否损坏 ◆ 检测电路故障,联系厂家 ◆ 负载过重,减小负载 ◆ 检查母线电压检测是否异常,联系厂家	
		子码06:母线过压	◆ 变频器加装制动电阻 ◆ 检查电网电压及接线是否正常 ◆ 检查机型匹配及工况 ◆ 联系厂家,检查电路、电压环设定是否合理	
		子码07:AFE过载	◆ 检查机器功率是否匹配合理	
		子码08:电网电压过压 子码09:电网电压欠压 子码10:电网电压过频 子码11:电网电压欠频	◆ 请检查电网电压是否正常 ◆ 联系厂家,检查电路是否正常	
		子码12:电网电压不对称 子码13:电网电压锁相故障	◆ 检查电网电压三相是否正常 ◆ 检查输入接线是否正常 ◆ 联系厂家,检查电路是否正常	
		子码14:AFE电流不对称 子码15:逐波限流故障 子码16:零序电流故障 子码17:电流零漂故障	◆ 检查三相输入是否正常 ◆ 检查负载是否过大 ◆ 检查系统是否对地短路 ◆ 联系厂家,检查电路是否正常	

续表

故障码	故障描述	故障原因	解决对策	类别
Err67	AFE故障	子码19：CAN通信异常 子码21：并联485通信故障 子码201/202：CAN通信异常	◆ 检查主控板软件是否支持AFE ◆ 检查主控板参数是否设置合理F6-52的bit2 ◆ 检查通信线是否断开或接触不良	
		子码23：母线接反故障	◆ 检查母线接线，并对调极性	
Err69	ARD故障	子码22、子码103：ARD通信故障	◆ 检查通信线缆连接 ◆ 检查ARD电源是否正常供电 ◆ 检查一体化控制器24 V电源是否正常 ◆ 检查是否存在强电干扰通信	
		子码1~子码3、子码8：ARD过流故障 子码10：ARD过载	◆ 检查负载是否正常 ◆ 检查接线是否正确 ◆ 负载是否过大 ◆ 联系厂家	
		子码4~子码7：ARD电池故障	◆ 检查电池线是否正确接好 ◆ 检查电池型号是否正确 ◆ 电池寿命下降，更换电池 ◆ 机器工作过久或环境温度过高	
		子码11：ARD母线过压 子码12：ARD母线欠压 子码13：ARD逆变过压	◆ 检查电池电量是否在正确范围内 ◆ 检查电池电压是否正常 ◆ 联系厂家	
		子码16：电网输入过压	◆ 检查电网电压是否正常，是否错接380 V ◆ 联系厂家	
		子码21：继电器粘连故障	◆ 请重新启动上下控制柜，若再次出现此故障，则检测粘连情况 ◆ 检测K4主继电器是否粘连 ◆ 检测K2逆变继电器是否粘连 ◆ 检测K1松闸继电器是否粘连	
		子码31：锂电池电量过低报警	◆ 检测锂电池是否损坏 ◆ 锂电池放电过度，需充电	

注：① 在电梯停止状态不记录Err41故障；
② Err42故障在门锁接通时自动复位以及在门区出现故障1 s后自动复位；
③ 当有Err51、Err52、Err57故障时，若这些故障持续有效，则每隔1 h才记录一次。

如果电梯一体化控制器出现故障报警信息,将会根据故障代码的类别进行相应处理。此时可以根据提示信息进行故障分析,确定故障原因,找出解决方法。

2. NICE 3000+控制系统具体故障诊断维修实例

(1) 上电不显示

【故障现象】

用户电源开关合闸后,一体机主板数码管无显示。

【排障流程】

排障流程如表5-4所示。

表5-4 上电不显示的排障流程

故障现象	可能的原因	检测方法	处理措施	备注
上电不显示	一体机没电	测量输入电压是否正常	检测前端电路、输入电源	①
		检查输入进线接触器是否吸合	保证安全回路导通且变压器供电电源正常,进线接触器吸合	/
	主控板供电电源是否正常	用万用表直流挡位测量J4的4、5脚电压	更换或维修一体机底层	②

注:①②详见下文。

【详细检测方法与处理措施】

① 检测输入电压是否正常。

以输入三相380 V为例:

a. 拆卸一体机下盖板,露出主回路端子。

b. 将万用表调到交流挡,测量主回路输入电源RS、RT、ST之间的电压,如图5-8所示。

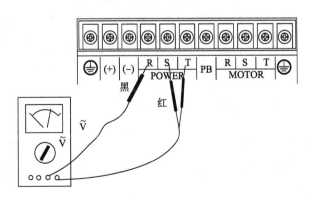

图5-8 测量三相输入电压

若输入220 V的电压,检测实际输入电压是否为220 V。

② 用万用表测量主控板电源供电电压(图5-9)。

a. 拔下主控板背面上J4端子排线,另一头保证与一体机底层(上电状态)J3端子连接完好。

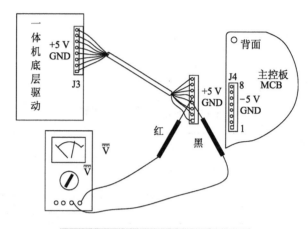

图5-9 测量主控板电源供电电压

b. 将万用表调到直流挡,测量J4端子排线的4脚和5脚之间的电压。若万用表电压显示值低于4.8 V,须更换或维修一体机底层。

(2) 上电显示异常

【故障现象】

用户电源开关合闸后,一体机主板数码管显示888或乱码。

【排障流程】

排障流程如表5-5所示。

表5-5 上电显示异常的排障流程

故障现象	可能的原因	检测方法	处理措施	备注
上电显示异常	跳线错误	检查主板的J9、J10的跳线位置是否正确	将J9插针的2、3脚短接,J10插针不需要短接	①
	硬件问题	检查主板是否有损坏痕迹	更换主板	/

注:①详见下文。

【详细检测方法与处理措施】

① 检查跳线位置是否正确。

a. 确保J10插针无短接(图5-10)。

b. 用短接帽将J9插针的2、3脚短接。

图5-10 正确短接方式

(3) 检修不运行

【故障现象】

按检修上行/下行开关按钮,电梯不运行。

【排障流程】

排障流程如表 5-6 所示。

表 5-6 检修不运行的排障流程

故障现象	可能的原因	检测方法	处理措施	备注
检修不运行	门锁回路不通	检查轿门锁及厅门锁回路是否导通	按照正确原理图接线	①
	参数设置错误	检查控制方式是否为距离控制	设置 F0-01=1	/
		检查门锁反馈参数设置是否正确	若轿门锁、厅门锁为高压检测,设置 F5-38=5,F5-39=5,F5-05=0	/
			若轿门锁、厅门锁为低压检测,设置 F5-38=0,F5-39=0,F5-05=5	
	检修状态无效	查看 FA-12,若为 00 开头,表示处于检修状态;若不是 00 开头,表示不处于检修状态	将检修开关旋至检修位置	②
	检修上行/下行信号无效	通过 F5-34 的数码管状态,检测检修上行/下行信号是否无效	更换检修上行/下行开关按钮	③
	检修不关门	检查光幕是否动作	将参数 F5-25 的 Bit0(光幕1)的值取反或更换光幕	④
		检查门机控制系统的接线是否正确	根据电气原理图检查门机系统接线	/
	限位开关是否动作	检查限位开关动作是否完好	更换限位开关	/
	Y 输出继电器工作电压不正常	测量主板 CN3 的输入 DC24 V 电压是否正常	更换 DC24 V 电源盒	⑤

注:①②③④⑤详见下文。

【详细检测方法与处理措施】

① 检测门锁回路。

a. 断开总电源,保证被测试回路没有带电。

b. 将数字万用表调到欧姆挡,测量轿门锁及厅门锁回路是否导通。若万用表阻值为无穷大,说明线路不导通。

② 监控检修状态是否有效。

a. 数码管显示从左至右依次为 5、4、3、2、1,手持操作器监控参数 FA-12 的 5、4 号数码管是否为 00,如果不是,说明检修状态无效(图 5-11)。

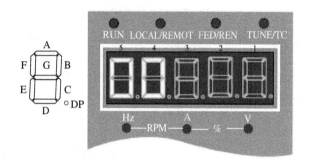

图 5-11　检修无效显示示意图

b. 请将检修开关旋至检修位置,若开关已位于检修位置,说明标签贴反,交换标签位置,重新将检修开关旋至检修位置。

③ 监控检修上行/下行命令是否有效。

a. 按检修上行/下行开关按钮,主控板上行/下行信号灯不亮,说明检修上行/下行信号无效。

b. 手持操作器监控参数 F5-34 的 2 号数码管 B、C 段标记是否亮,如果不亮,说明检修上行/下行信号无效,请更换上行/下行开关按钮,如图 5-12 所示。

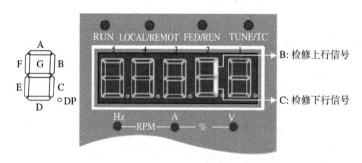

图 5-12　检修上行/下行信号无效

④ 检测光幕信号是否有效或动作。

a. 参数设置:当没有挡光幕时,若 X1/X2 亮,说明光幕信号为常闭输入点,将 F5-25 的 Bit0/Bit1 设为 0;若 X1/X2 不亮,说明光幕信号为常开输入点,将 F5-25 的 Bit0/Bit1 设为 1。

b. 参数 F5-35：数码管显示从左至右依次为 5、4、3、2、1，手持操作器监控 F5-35 参数的 1 号数码管 A 段标记是否亮，如图 5-13 所示。

c. 判断方法：挡光幕前后，轿顶板的 X1/X2 输入点有亮灭变化，F5-35 对应的段码没有亮灭变化，说明轿顶板坏；若轿顶板和 F5-35 均没有变化，说明光幕损坏。

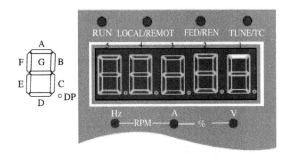

图 5-13 检测光幕信号是否有效

⑤ 检测主控板 CN3 的输入 DC24 V 电压是否正常。

将万用表调到电压直流挡，测量主控板 CN3 端子 24 V 与 COM 之间的电压，如图 5-14 所示。若万用表电压显示值低于 24 V（-15%），说明 CN3 的输入 DC24 V 电压不正常，请更换 DC24 V 电源盒。

（4）检修运行方向相反

【故障现象】

按检修上行按钮，电梯下行（电梯实际运行方向和检修命令方向相反）。

【排障流程】

排障流程如表 5-7 所示。

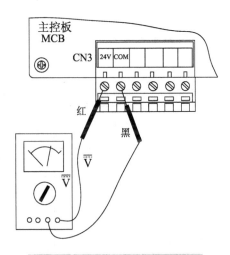

图 5-14 测量主控板输入电压

表 5-7 检修运行方向相反的排障流程

故障现象	可能的原因	检测方法	处理措施	备注
检修运行方向相反	检修回路异常	检查上行/下行检修回路是否异常	按照正确原理图接线	①
	参数设置错误	检测上行/下行输入信号和 F5 组参数设定是否匹配	检修信号常闭：F5-09=40 检修上行常开：F5-10=9 检修下行常开：F5-11=10	/
	机房方向正确，轿顶方向相反	上行/下行按钮贴片贴反	交换轿顶检修手柄的按钮贴片位置	/
	运行方向相反	确认以上均没有问题	将 F2-10 的值取反（0 和 1），更改电梯运行方向	/

注：①详见下文。

【详细检测方法与处理措施】

① 检测门锁回路。

a. 确认主控板 X9 指示灯熄灭（检修信号常闭：F5-09＝40）。

b. 按上行按钮，观察主板 X10 检修上行信号灯是否亮，若不亮，说明检修上行回路异常。

c. 按下行按钮，观察主板 X11 检修下行信号灯是否亮，若不亮，说明检修下行回路异常。

（5）运行跳闸

【故障现象】

电梯一旦启动运行，用户电源的总漏保开关跳闸。

【排障流程】

排障流程如表 5-8 所示。

表 5-8 运行跳闸的排障流程

故障现象	可能的原因	检测方法	处理措施	备注
运行跳闸	选型问题	检查客户选用的漏保铭牌显示剩余电流值是否过小	建议使用 200 mA 以上漏保	/
	应用问题	检查现场是否出现多台用电设备共用一个漏保	建议客户对电梯单独设置漏保回路	/
	一体机漏电流过大	通过万用表电流（mA，交流）挡检测一体机 PE 端与电源线的 PE 线之间的电流值（图 5-15），可检测漏电流大小	在一体机输入侧加装 EMC 滤波器	①
			在 R、S、T 上绕磁环（注意：PE 不能绕进去）	
			在 U、V、W 上绕磁环（注意：PE 不能绕进去）	
			采用分布电容较低的动力线或者减短电机线长度	/
			采用隔离变压器给一体机供电	/
	其他	检查客户机房现场的走线方式是否符合要求	避免平行走线，防止干扰	/

注：①详见下文。

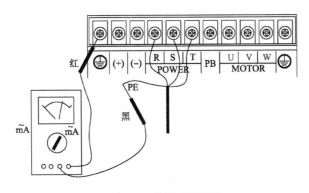

图 5-15 漏电流检测

【详细检测方法与处理措施】

① 磁环使用方法。

a. 输入电源线与动力线加绕磁环方法如图 5-16 所示。

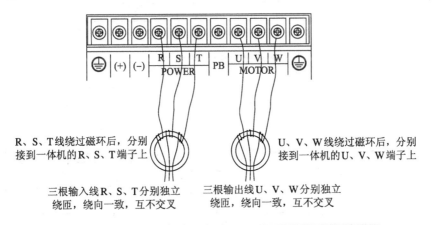

图 5-16 输入电源线与动力线加绕磁环(至少绕制 3 匝以上)

套磁环时,建议优先考虑在输入电源线上套磁环,并且 PE 不能绕在磁环上。

b. 现场可根据输入线的线径不同选择不同规格的磁环(图 5-17)。

图 5-17 三种规格的尺寸外形

磁环型号推荐如表 5-9 所示。

表 5-9　磁环型号推荐

厂家型号	编码	尺寸（外径×内径×厚度）(mm)
DY644020H	11013031	64×40×20
DY805020H	11013032	80×50×20
DY1207030H	11013033	120×70×30

（6）自动不运行

【故障现象】

电梯外呼呼梯登记指令后，电梯不自动运行。

【排障流程】

排障流程如表 5-10 所示。

表 5-10　自动不运行的排障流程

故障现象	可能的原因	检测方法	处理措施	备注
自动不运行	门问题导致： ① 不关门 ② 关门不到位 ③ 门锁不通	检查光幕是否动作，可通过 F5-35 监控	检查光幕线路，更换光幕	①
		检查超载是否动作，可通过 F5-35 监控	检查称重装置，更换称重装置	
		关门到位信号是否动作	检查门机关门到位信号线路，更换或调整门机关门到位参数	
		检查按钮是否有卡死现象	确保开门按钮、内召按钮、外召按钮工作良好	
		检查门锁回路是否虚接、闪断	确保门锁接触良好	
	电梯所处状态不对	用 FA-12 监控电梯所处状态：正常状态、司机状态、消防状态、锁梯状态、满载直驶状态	确认电梯处于正常状态	②
	满载、直驶、独立运行信号动作	当前层能开关门，内呼呼梯正常响应；不自动响应其他层外呼	操纵盘内取消独立和直驶信号，取消满载信号	/
	系统故障状态	检查主板是否报故障，影响运行	按照主板提示的故障进行处理，确保无故障提示	/

注：①②详见下文。

【详细检测方法与处理措施】

① F5-35 状态监控。

② FA-12 状态监控。

(7) 电梯不开门

【故障现象】

电梯启动运行前,门机不执行开门运行,不报故障或报 E53 故障。

注:开门到位信号异常、电梯错层(在其他楼层开门,厅外误以为到站不开门)。

【排障流程】

排障流程如表 5-11 所示。

表 5-11 电梯不开门的排障流程

故障现象	可能的原因	检测方法	处理措施	备注
电梯不开门	门机控制器不执行开门命令	短接门机控制器输入侧开门指令和公共线,确认门机是否执行开门运行	请更换门机控制器,并调试完成,测试 OK	①
	门机控制器与轿顶板接线错误	短接轿顶板 BM 和 B1,观察电梯是否开门	按照正确接线方式接线	②
	一体机控制器未输出开门指令	检查 F7-05 是否设为禁止开门(F7-05=1)	设置 F7-05=0	/
	轿顶板未输出开门指令,报 E53 故障	在主板有输出开门指令时,用万用表测量 BM 和 B1 之间是否导通,确认开门继电器是否损坏	维修或更换轿顶板	③
	电梯处于消防状态	手动按开门按钮,若能开门,松开后自动关闭,说明电梯处于消防状态	拨动操纵箱上的消防开关,取消消防运行状态,设置 F6-44 中的 Bit14=0	/
	门地坎异物卡阻或门机械卡阻	电源断开后,手动开门,检查是否有机械卡阻现象	清理门地坎异物,调整机械安装结构	/
	开门到位信号异常	监控 F5-35,查看开关门到位信号与实际开关门状态是否一致	根据现场接线或图纸设置 F5-25 参数(常开或常闭)	/
	错层	确认轿厢所在位置和外呼楼层显示是否一致	处理方法详见错层处理	/

注:①②③详见下文。

【详细检测方法与处理措施】

① 检查门机控制器开门命令是否执行。

短接门机控制器输入侧开门指令和公共线，如图 5-18 所示。观察电梯是否开门，若不开门，请更换门机控制器或者重新调试门机控制器。

② 检测门机控制器与轿顶板接线是否错误。

短接轿顶板 CN4 的 BM 和 B1 端子，观察电梯是否开门，若不开门，按照正确接线方式接线，如图 5-19 所示。

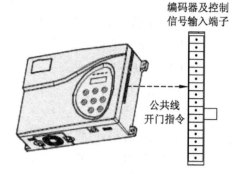

图 5-18　门机控制器开门命令执行检测（门机以 NICE 900 为例）

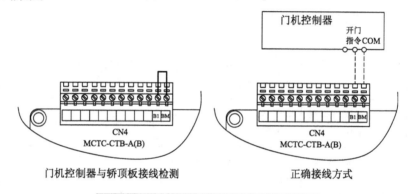

图 5-19　检测门机控制器与轿顶板接线

③ 检测开门继电器是否损坏。

a. 确保主板输出开门指令。

b. 将万用表调到欧姆挡，测量轿顶板 CN4 的端子 BM 和 B1 是否导通，如图 5-20 所示。若万用表阻值为无穷大，说明线路不导通，开门继电器损坏。

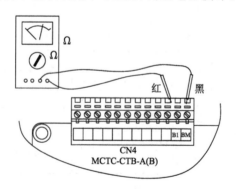

图 5-20　检测开门继电器

第5章　电梯电气故障的诊断与维修

(8) 电梯不关门

【故障现象】

电梯启动运行前，门机不执行关门运行，且不报故障。

【排障流程】

排障流程如表 5-12 所示。

表 5-12　电梯不关门的排障流程

故障现象	可能的原因	检测方法	处理措施	备注
电梯不关门	门机控制器不执行关门命令	短接门机控制器输入侧关门指令和公共线，确认门机是否执行关门运行	请更换门机控制器，并调试完成，测试 OK	①
	门机控制器与轿顶板接线错误	短接轿顶板 BM 和 B2，确认门机是否执行关门运行	按照正确接线方式接线	②
	一体机控制器未输出关门指令	请检查光幕信号是否有效或动作，可通过 F5-35 监控光幕信号是否有效	将参数 F5-25 的 Bit0（光幕1）的值取反	③
	超载信号误动作并伴有蜂鸣器响	通过手持操作器监控 F5-35 的超载信号是否有效，若有效，请检查称重装置是否正常工作	检查超载接线	/
			更换称重装置	
	轿顶板未输出关门指令	在主板有输出关门指令时，用万用表测量 BM 与 B2 之间是否导通，确认关门继电器是否损坏	更换轿顶板	④
	电梯处于司机状态	手动按关门按钮，若能关门，松开后自动开门，说明司机信号有效	拨动操纵箱司机开关，取消司机运行状态	/
	按钮卡塞	拔掉开门按钮、外呼按钮及内呼按钮，确认电梯能否开门。电源断开后，手动关门，检查是否有机械卡阻现象	更换开门按钮	/
	门地坎异物卡阻		清理门地坎异物	
	门机械卡阻		调整机械安装结构	

注：①②③④详见下文。

【详细检测方法与处理措施】

① 检测门机控制器关门命令是否执行，如图 5-21 所示。

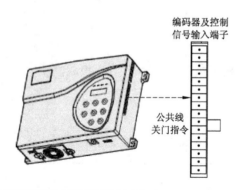

图 5-21　门机控制器关门命令执行检测(门机以 NICE 900 为例)

② 检测门机控制器与轿顶接线板是否错误。

短接轿顶板 CN4 的 BM 与 B2 端子,观察电梯是否关门,若不关门,按照正确接线方式接线,如图 5-22 所示。

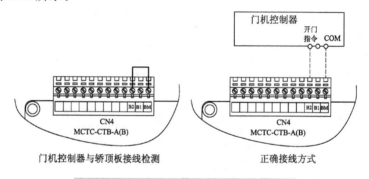

图 5-22　检测门机控制器与轿顶接线板

③ 检测光幕信号是否有效或动作。

a. 参数设置:没有挡光幕时,若 X1/X2 亮,说明光幕信号为常闭输入点,将 F5-25 的 Bit0/Bit1 设为 0;若 X1/X2 不亮,说明光幕信号为常开输入点,将 F5-25 的 Bit0/Bit1 设为 1。

b. 参数 F5-35:数码管显示从左至右依次为 5、4、3、2、1,手持操作器监控 F5-35 参数的 1 号数码管 A 段标记是否亮。

c. 判断方法:挡光幕前后,轿顶板的 X1/X2 输入点有亮灭变化,F5-35 对应的段码没有亮灭变化,说明轿顶板损坏;若轿顶板和 F5-35 均没有变化,说明光幕损坏。

④ 检测关门继电器是否损坏。

a. 确保主板输出关门指令。

b. 将万用表调到欧姆挡,测量轿顶板 CN4 的端子 BM 与 B2 是否导通,如图 5-23 所示。若万用表阻值为无穷大,说明线路不导通,关门继电器损坏。

第 5 章　电梯电气故障的诊断与维修

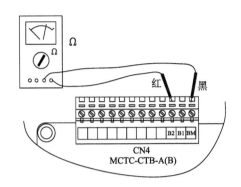

图 5-23　检测关门继电器

(9) 重复开关门

【故障现象】

电梯登记信号后，门区反复开关门，无法正常运行。

【排障流程】

排障流程如表 5-13 所示。

表 5-13　重复开关门的排障流程

故障现象	可能的原因		检测方法	处理措施	备注
重复开关门	关门过程中再开门	光幕误动作	请检查光幕信号是否有效或动作	保证光幕安装对正	①
			关门过程中监控 F5-35 光幕信号是否有效		
			检查光幕是否有灰尘	清理光幕条	
		门存在机械卡阻现象	电源断开后，手动关门，检查是否有机械卡阻现象	调整机械安装结构	/
		门机参数设置错误	检查门机是否受阻，判断参数设置是否错误，参数具体参见各门机厂家	门机控制器输出力矩小于关门受阻力矩	/
	门关闭后立即开门	门锁触头闪断	观察门锁反馈检测指示灯是否闪亮(X5、X26、X27)	更换门锁触头	②
	门关闭后 2~3 s 再开门	门锁回路不通	检查门锁回路是否导通	更换门锁触头	③

注：①②③详见下文。

155

【详细检测方法与处理措施】

① 检测光幕信号是否有效或动作。

a. 参数设置：没有挡光幕时，若 X1/X2 亮，说明光幕信号为常闭输入点，将 F5-25 的 Bit0/Bit1 设为 0；若 X1/X2 不亮，说明光幕信号为常开输入点，将 F5-25 的 Bit0/Bit1 设为 1。

b. 参数 F5-35：数码管显示从左至右依次为 5、4、3、2、1，手持操作器监控 F5-35 参数的 1 号数码管 A 段标记是否亮。

c. 判断方法：挡光幕前后，轿顶板的 X1/X2 输入点有亮灭变化，F5-35 对应的段码没有亮灭变化，说明轿顶板损坏；若轿顶板和 F5-35 均没有变化，说明光幕损坏。

② 检测门锁触头是否闪断。

观察主板任一门锁反馈检测指示灯（X5、X26、X27）是否闪亮，若出现闪亮，说明门锁触头闪断，检测所有门锁触头是否接触不良，更换门锁触头，保证其接触良好。

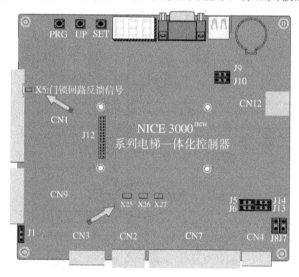

图 5-24　门锁反馈检测指示灯闪亮

③ 检测门锁回路。

a. 断开总电源，保证被测试回路没有带电。

b. 将数字万用表调到欧姆挡，测量轿门锁及厅门锁回路是否导通。若万用表阻值为无穷大，说明线路不导通，请按照原理图正确接线。

（10）启动有顿挫感

【故障现象】

电梯启动时，轿厢倒溜，引起顿挫感。

第5章 电梯电气故障的诊断与维修

【排障流程】

排障流程如表5-14所示。

表5-14 启动有顿挫感的排障流程

故障现象	可能的原因		检测方法	处理措施	备注
启动有顿挫感	参数设置问题	预转矩未开启	检查启动预转矩参数设置是否合理	设置与预转矩相关参数	①
		带闸运行	观察电梯是否带闸启动	调整抱闸间隙	②
		跟踪响应	观察异步机启动倒溜	加强PI值	③
	导靴太紧,启动提拉		轿内尝试晃动轿厢,感觉导靴与导轨的间隙	调整导靴间隙,适量给导轨加油	/
	静摩擦力过大			重新设置F3-00、F3-01	④

注:①②③④详见下文。

【详细检测方法与处理措施】

① 设置预转矩相关参数(见表5-15)。

由于各种抱闸本身的打开时间有差别,同时抱闸的响应时间受环境温度影响较大(抱闸线圈温度过高,会造成抱闸响应变慢),适当增加F3-19,查看是否因为抱闸的打开时间影响了舒适感。

表5-15 预转矩设置相关参数

功能码	名称	设定范围	出厂值	说明
F8-01	预转矩选择	0:预转矩无效 1:称重预转矩补偿 2:预转矩自动补偿	0	根据需要选择预转矩补偿功能
F3-19	抱闸打开零速保持时间	0~2 s	0.6 s	抱闸打开需要在F3-19设定的时间内推持零速力矩电流输出,防止电梯溜车
F2-11	零伺服电流系数	0.2%~50%	15 s	零伺服调节参数(即F8-01=2,预转矩自动补偿)
F2-12	零伺服速度环Kp	0~2	0.5	
F2-13	零伺服速度环Ti	0~2	0.6	

说明:小功率别墅梯,启动有顿挫感,可以减小F2-11,将F2-12、F2-13设置为0.1~0.2。

② 抱闸间隙问题。

a. 首先确认抱闸能够打开,若打不开,请确认抱闸供电电源及抱闸回路,确保抱闸能够顺利打开。

b. 确认抱闸间隙,是否有蹭闸现象,若出现蹭闸,请调整抱闸间隙至合适位置,使抱闸不蹭闸。

c. 检查抱闸两侧制动器是否同步,若不同步,请调整至两侧打开一致。

d. 检查 F1-13 参数设置是否过小,若在 F1-13 检测时间内未收到脉冲变化即报故障,可适当增大此参数,一般建议设置为 2.1 s。

③ 设置 PI 相关参数(表 5-16)。

表 5-16 设置 PI 相关参数

功能码	名称	设定范围	出厂值	说明
F2-00	速度环比例增益 1	0～100	40	F2-00/01 为运行频率小于切换频率 1 的 PI 调节参数;F2-03/04 为运行频率大于切换频率 2 的 PI 调节参数;F2-00/F2-01/F2-03/F2-04 的加权平均值为处于切换频率 1 和切换频率 2 之间的 PI 调节参数
F2-01	速度环积分时间 1	0.01～10 s	0.6 s	
F2-02	切换频率 1	0～F2-05	2 Hz	
F2-03	速度环比例增益 2	0～100	35	
F2-04	速度环积分时间 2	0.01～10 s	0.8 s	
F2-05	切换频率 2	F2-02～F0-06	5 Hz	

参数设定说明:

a. 通过设定速度调节器的比例系数和积分时间,可以调节矢量控制的速度动态响应特性。

b. 增加比例增益,减小积分时间,均可加快速度环的动态响应。

c. 比例增益过大或积分时间过小均可能使系统产生振荡。

建议调节方法:

a. 如果出厂参数不能满足要求,则在出厂参数基础上进行微调。

b. 小功率主机运行中有振荡,建议先减小比例增益,保证系统不振荡;然后减小积分时间,使系统既有较快的响应特性,超调又较小。

c. 如果切换频率 1、切换频率 2 同时为 0,则只有 F2-03、F2-04 有效。

④ 改善摩擦力过大引起的顿挫感(表 5-17)。

表 5-17 改善摩擦力过大引起的顿挫感

功能码	名称	设定范围	出厂值	说明
F3-00	启动速度	0～0.05 m/s	0	—
F3-01	启动保持时间	0～0.5 s	0	

a. 设定系统的启动速度能够增加系统克服静摩擦力的能力,但设定过大,会造成电梯启动瞬间的冲击感。

b. 适当设置此组参数有可能改善由于导靴和导轨静摩擦力带来的启动台阶感。

(11) 停车有顿挫感

【故障现象】

电梯正常运行到站停车时,轿内有顿挫感。

【排障流程】

排障流程如表 5-18 所示。

表 5-18 停车有顿挫感的排障流程

故障现象	可能的原因	检测方法	处理措施	备注
停车有顿挫感	停车瞬间门锁断开	检查门刀与门球间隙	保证门球处于门刀正中间	/
	故障状态	查看故障记录,对照故障代码处理	根据故障代码,参考故障处理方案	/
	停车跟踪不上	加强 PI 跟踪响应	调整 F2 组(增大 F2-00,减小 F2-01)	①
	抱闸闭合缓慢	调整抱闸制动力	调整抱闸制动力,使制动闭合无卡阻	/
		取消续流延时	保证抱闸释放时立即断开抱闸电源	/
		观察停车是否倒溜	增大 F8-11(抱闸释放零速保持时间)参数	②

注:①②详见下文。

【详细检测方法与处理措施】

① 设置 PI 相关参数。

请参见表 5-16。

② 延长停车力矩保持时间。

由于抱闸线圈长时间发热,导致抱闸释放缓慢,主接触器释放(一体机不再输出力矩)后,抱闸还未完全闭合,导致顿挫感(溜车)。需要增大停车时的力矩维持时间(表 5-19),即抱闸释放零速保持时间。

表 5-19 设置抱闸释放零速保持时间

功能码	名称	设定范围	出厂值	说明
F8-11	抱闸释放零速保持时间	0.2~1.5 s	0.2 s	建议参数取值为 0.6 s

(12) 运行中抖动

【故障现象】

电梯在运行中出现抖动或者有嗡嗡共鸣声。

【排障流程】

排障流程如表 5-20 所示。

表 5-20 运行中抖动的排障流程

故障现象	可能的原因	检测方法	处理措施	备注
运行中抖动	预转矩参数设置不当	通过 F3-19 设定的时间来判断是启动开闸瞬间还是 S 曲线开始段引起的抖动	调整 F2-11、F2-12、F2-13 参数；设置 F1-23 参数,开通零伺服优化	①
	机械摩擦力过大		调整导靴与导轨间隙减小摩擦力；设置 F3-00/01,通过匀加速克服启动摩擦力	
	机械旋转部件问题	检查是否有周期性抖动；PI 值跟踪响应弱,导致抖动;利用 PMT 测试	调整或更换轴承	②
	加减速过程中抖动		增大 F2-00 来抑制低频抖动	
	高速运行时出现抖动		将 F1-23 的 Bit 11 开通,抑制高频抖动	
	导轨安装问题	运行相对固定位置抖动或晃动	打磨导轨接头	/
	运行中有嗡嗡共鸣声	检查轿内运行中是否有嗡嗡共鸣声	检查机械安装问题,调整钢丝绳松紧度	

注:①②详见下文。

说明:电梯运行的舒适感,与机械部分关系密切,如果运行中有抖动,首先要确认机械部分的安装符合安装标准,然后再进行电气部分的调节。

【详细检测方法与处理措施】

① 如何判断启动抖动是从预转矩还是 S 曲线开始的?

将 F3-19(曲线运行延迟时间)设置为最大,然后运行电梯,记录抖动发生的时间点。

a. 如果是无称重启动时的抖动,则在该次抖动后,电梯会在零速保持几秒(F3-19)的时间,然后再开始走车。

b. 如果是开始走 S 曲线时的抖动,则在听到抱闸打开后,电梯在静止状态会等几秒(F3-19)的时间再出现抖动。

② 如何使用 PMT 振动测试仪?

a. 打开 PMT 文件,如图 5-25 所示,有①、②、③、④四条振动曲线,②、③表示的是轿厢在前后、左右方向上的振动,若振幅较大,为导轨的机械安装及导轨接头问题。④表示轿厢在上下方向上的振动,体现在舒适感上。

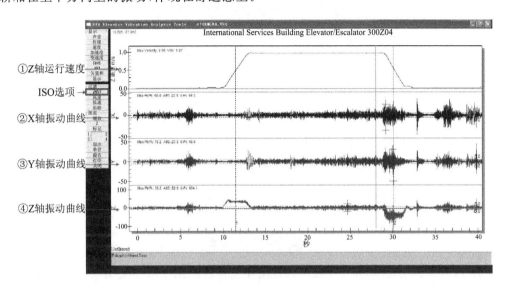

图 5-25 四条振动曲线

b. 选择"ISO"选项,如图 5-26 所示,一般 Z 轴的振动幅值在±5 以内,舒适感较好。

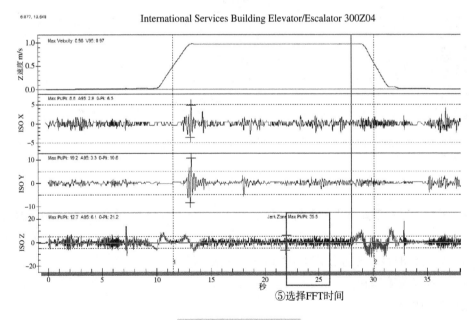

图 5-26 "ISO"选项

c. 若进一步分析,可通过"FFT"选项进行傅立叶分析,如图5-26所示,根据需要选择分析的时间段⑤。通过FFT设置,选择"通道"和"FFT长度",如图5-27所示。

图 5-27　FFT 设置

d. 从图5-28所示的分析曲线可以得出在选择区间的振幅及振动频率,图中的振幅0.852<5,符合国标要求,振动频率为18.250 Hz。

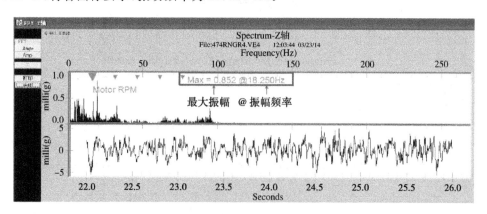

图 5-28　FFT 分析曲线

e. 根据PMT测试出来的各种频率的抖动,结合人的基本判断(轿厢内抖动频率可以进行大概的估计),可以找出主要振动频率,然后结合电机当前的运行频率,对曳引轮、反绳轮、导向轮的直径等进行换算,找到可能的振动源。

(13) 端站有台阶感

【故障现象】

电梯运行到端站(顶层或者底层)碰到换速开关后,急换速爬行到门区。

【排障流程】

排障流程如表5-21所示。

表5-21 端站运行有台阶感的排障流程

故障现象	可能的原因	检测方法	处理措施	备注
端站运行有台阶感	换速信号误动作	检查开关动作部件是否完好	更换换速开关	/
		检查换速线路是否有虚接现象	拧紧接线端子	/
	换速距离有问题	用卷尺测量换速距离	保证换速距离与速度匹配	①
		检查换速距离是否高于楼层的一半	若高于,将换速距离调整至楼层高度一半以内	/

注:①详见下文。

【详细检测方法与处理措施】

① 如何计算换速距离?

强迫减速开关距端站平层插板的距离为强迫减速距离,其计算方法为

$$L > \frac{v^2}{2 \times \text{F3-08}}$$

其中,L 为强迫减速距离,v 为额定梯速(F0-04),F3-08 为特殊减速度。

特殊减速度(F3-08)的出厂值为 0.9 m/s^2,根据不同额定速度计算出强迫减速距离,表5-22所示的强迫减速距离都是在特殊减速度为 0.9 m/s^2(出厂值)的情况下计算所得。

表5-22 强迫减速距离推荐表

额定梯速(m/s)	0.25	0.4	0.5	0.63	0.75	1	1.5	1.6	1.75	2	2.5	3	3.5	4
一级强迫减速距离(m)	0.4	0.4	0.4	0.4	0.4	0.7	1.5	1.7	2	2	2	2	2	2
二级强迫减速距离(m)	无	无	无	无	无	无	无	无	无	2.5	4	4	4	4
三级强迫减速距离(m)	无	无	无	无	无	无	无	无	无	无	无	6	8	11

注:① 梯速 $v < 1 \text{ m/s}$ 的电梯,其强迫减速开关实际安装距离相较于此表的推荐值允许有 $\pm 0.1 \text{ m}$ 的误差;② 梯速 $1 \text{ m/s} < v \leqslant 2 \text{ m/s}$ 的电梯,其强迫减速开关实际安装距离相较于此表的推荐值允许有 $\pm 0.2 \text{ m}$ 的误差;③ 梯速 $2 \text{ m/s} < v \leqslant 4 \text{ m/s}$ 的电梯,其强迫减速开关实际安装距离相较于此表的推荐值允许有 $\pm 0.3 \text{ m}$ 的误差。减小加、减速度或增大特殊减速度都不会影响使用的安全性,但是减小特殊减速度有可能带来安全隐患。如需更改,请根据公式计算合理的减速距离。

(14) 不平层

【故障现象】

停梯时,轿门地坎与层门地坎之间的高度不一致。

【排障流程】

排障流程如表 5-23 所示。

表 5-23 不平层的排障流程

故障现象	可能的原因		检测方法	处理措施	备注
不平层	参数设置	所有楼层越平层	电梯逐层自动运行,测量轿门地坎与层门地坎的高度差,并记录	越平层减小 F4-00	①
		所有楼层欠平层		欠平层增大 F4-00	
		个别楼层越平层		越平层减小 FR-XX	②
		个别楼层欠平层		欠平层增大 FR-XX	
	隔磁板安装问题	所有楼层上、下运行均高		调整平层感应器的位置	/
		所有楼层上、下运行均低			
		个别楼层上、下运行均高		若调整隔磁板的位置,须重新进行井道自学习	/
		个别楼层上、下运行均低			
	故障导致	出现故障,复位后返平层不平	查看故障记录 FC-60 和 FC-61	处理对应故障	/
	检修转正常	返平层不平		增大 FD-05 参数	/
	偶尔不平层	验证钢丝绳是否打滑	运行中观察轿门与层门地坎之间的高度	确认平衡系数,增大钢丝绳张力,加大包角	③
		PI 跟踪响应		适当增大 F2-00,减小 F2-01,轻载、重载时平层不一致	/
	负载变化导致不平层	钢丝绳伸缩导致		建议增加再平层功能 (MCTC-SCB)	/

注:①②③详见下文。

第 5 章　电梯电气故障的诊断与维修

【详细检测方法与处理措施】

① 如何使用 F4-00 平层调整（表 5-24）？

表 5-24　F4-00 平层调整

相关参数	参数描述	设定范围	默认值	单位
F4-00	平层调整	0~60	30	mm

a. 如果停梯时欠平层（图 5-29），将 F4-00 增大 H，$H=(a+b)/2$。

b. 如果停梯时越平层（图 5-30），将 F4-00 减小 H，$H=(a+b)/2$。

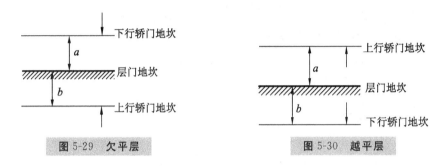

图 5-29　欠平层　　　　　　　图 5-30　越平层

② 如何使用 Fr 组平层微调？

个别楼层不平层，建议调整隔磁板，或参考表 5-25 对 Fr 组参数进行调整，调整距离同上。调整流程如图 5-31 所示。

表 5-25　调整不平层的参数

相关参数	参数描述	设定范围	默认值	单位
Fr-00	平层调整模式	0~1	0	—
Fr-01	平层调整记录 1	0~60 060	30 030	mm
Fr-02	平层调整记录 2		30 030	mm
...	...		...	...
Fr-20	平层调整记录 20		30 030	mm

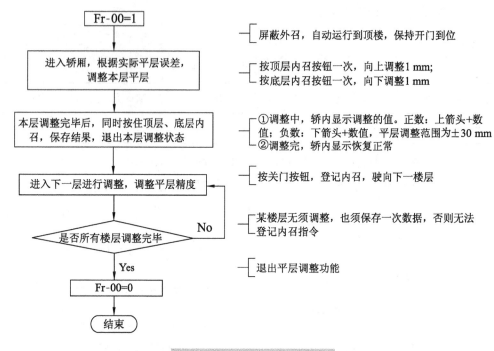

图 5-31 不平层调整流程图

说明：井道自学习时，设置 F1-11＝3 或 F-7＝1，保留所有平层调整参数；设置 F1-11＝4 或 F-7＝2，则清除所有平层调整参数。使用再平层功能时，平层调整功能将自动屏蔽。

③ 如何验证钢丝绳是否打滑？

请参见（15）中①的内容。

（15）错层

【故障现象】

电梯在运行中出现楼层显示与实际楼层不符。

【排障流程】

排障流程如表 5-26 所示。

表 5-26 错层的排障流程

故障现象	可能的原因	检测方法	处理措施	备注
运行中显示错层	FE 组参数设置错误	查看 FE 组参数	根据现场实际情况更改 FE 组参数	/
	钢丝绳打滑	验证钢丝绳是否打滑	确认平衡系数，增大钢丝绳张力，加大包角	①

续表

故障现象	可能的原因	检测方法	处理措施	备注
运行中显示错层	信号误动作	检查换速、限位开关是否损坏,导致运行中位置开关误动作	更换换速、限位开关,确保线路完好	/
		检查平层开关是否损坏导致运行中平层信号误动作	更换平层开关,确保线路正确	/
	通信干扰	检查线路布局是否合理	按照要求重新布线	②
	并联时同一楼层外呼地址不一致	检查同一楼层外呼地址设定值是否一致	更改外呼地址,使同一楼层外呼地址一致	③

注:①②③详见下文。

【详细检测方法与处理措施】

① 如何验证钢丝绳是否打滑?

a. 电梯在某一楼层平层时做标记(在钢丝绳和曳引轮重合处做标记,钢丝绳上标记为 A,曳引轮上标记为 A'),让电梯运行至其他楼层后再返回该楼层,观察标记。

b. 比对标记距离是否在正常范围内(不超过 10 cm),若不在,说明钢丝绳打滑。确认平衡系数在 0.4~0.5 范围内后,增大钢丝绳的张力,加大包角。若钢丝绳有油污,请采用煤油清洗钢丝绳。

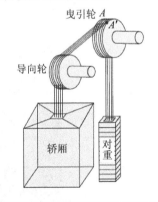

图 5-32 钢丝绳标记示意图

② 电缆布线要求。

a. 电机电缆的走线一定要远离其他电缆的走线,建议间距大于 0.5 m。几个控制器的电机电缆可以并排布线。

b. 为了避免由于控制器输出电压快速变化产生的电磁干扰,应该避免电机电缆和其他电缆的长距离并排走线。建议将电机电缆、输入动力电缆和控制电缆分别布在不同的线槽中。电缆线槽之间必须保持良好的连接,并且接地。

c. 当控制电缆必须穿过动力电缆时,要保证两种电缆之间的夹角尽可能保持 90°。不要将其他电缆穿过控制器。

d. 控制器的动力输入和输出线及弱电信号线(如控制线路)尽量不要平行布置,有条件时垂直布置。

e. 电缆线槽之间必须保持良好的连接,并且接地良好。铝制线槽可用于改善等电位。

f. 滤波器、控制器均应和控制柜良好搭接,在安装的部分做好喷涂保护,让导电金属充分接触。

g. 电机应和系统(机械或装置)良好搭接,在安装的部分做好喷涂保护,让导电金属充分接触。

③ 如何进行外呼地址和显示设置?

a. 外呼地址如何设置?

外呼板地址和隔磁板一一对应,即由下往上数第几个隔磁板对应的外呼板地址就设成几。若非服务层且安装有隔磁板,必须预留地址。

- 以 MCTC-HCB-H 为例[图 5-33(a)],按黑色按钮 S1,来调整楼层地址,每按一次地址+1,持续按 3 s 以上地址一直往上增加,直到需要的设定值(设定范围为 0~56),停止按压,地址闪烁三次自动保存,设定成功。

- 以 MCTC-HCB-R1 为例[图 5-33(b)],短接 J1,按上、下召唤设定楼层地址(设定范围为 0~56),拿掉短接帽,地址闪烁三次自动保存。

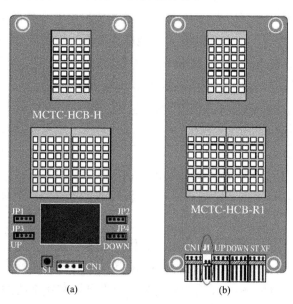

图 5-33 外呼地址设置

b. 如何设置三位显示(例如,轿厢在 18 楼时显示 17A)?

方法一:将 FE-18 设为 4210(42:显示"17";10:显示"A")。

方法二:利用最高位组合设置。

- 低两位显示设置:将 FE-18 设为 0710(显示"7A"),最高位显示设置:将 FE-52 设为 1801(表示地址为 18 的外召板最高位显示"1")。

第5章 电梯电气故障的诊断与维修

- 开通三位显示功能:将 F8-14 的 Bit0 设为 1,将波特率设为 38 400。
- 系统断电并重新上电。

更多参数说明请参见表 5-27。

表 5-27 参数说明

参数	名称	设定范围		出厂值	单位	属性
F8-14	外召通信设置	Bit0=1,开通三位显示功能		—	—	—
FE-01	楼层 1 显示	00:显示"0"	22:显示"23"	1901	—	☆
FE-02	楼层 2 显示	01:显示"1"	23:显示"C"	1902	—	☆
FE-03	楼层 3 显示	02:显示"2"	24:显示"D"	1903	—	☆
FE-04	楼层 4 显示	03:显示"3"	25:显示"E"	1904	—	☆
FE-05	楼层 5 显示	04:显示"4"	26:显示"F"	1905	—	☆
FE-06	楼层 6 显示	05:显示"5"	27:显示"I"	1906	—	☆
FE-07	楼层 7 显示	06:显示"6"	28:显示"J"	1907	—	☆
FE-08	楼层 8 显示	07:显示"7"	29:显示"K"	1908	—	☆
FE-09	楼层 9 显示	08:显示"8"	30:显示"N"	1909	—	☆
FE-10	楼层 10 显示	09:显示"9"	31:显示"O"	0100	—	☆
...		10:显示"A"	32:显示"Q"	...		
FE-31	楼层 31 显示	11:显示"B"	33:显示"S"	0301	—	☆
FE-35	楼层 32 显示	12:显示"G"	34:显示"T"	0302	—	☆
FE-36	楼层 33 显示	13:显示"H"	35:显示"U"	0303	—	☆
FE-37	楼层 34 显示	14:显示"L"	36:显示"V"	0304	—	☆
FE-38	楼层 35 显示	15:显示"M"	37:显示"W"	0305	—	☆
FE-39	楼层 36 显示	16:显示"P"	38:显示"X"	0306	—	☆
FE-40	楼层 37 显示	17:显示"R"	39:显示"Y"	0307	—	☆
FE-41	楼层 38 显示	18:显示"-"	40:显示"Z"	0308	—	☆
FE-42	楼层 39 显示	19:无显示	41:显示"15"	0309	—	☆
FE-43	楼层 40 显示	20:显示"12"	42:显示"17"	0400	—	☆
		21:显示"13"	43:显示"19"			
FE-52	最高位选择 1	0~4099		0	—	☆
FE-53	最高位选择 2	0		—	—	☆
FE-54	最高位选择 3	0		—	—	☆
FE-55	最高位选择 4	0		—	—	☆
FE-56	最高位选择 5	0		—	—	☆

3. 电气系统各部分故障诊断及处理方法

（1）供电电源故障

目前电梯控制系统已经跨入微机控制系统时代，电梯电源也必须采用三相五线制方式，包括三相 RST、中性线 N 及地线（中性线与地线分开，不允许短接），电源为交流 380 V、50 Hz。在此基础上电梯制造商还会根据电梯控制系统的种类给出用户电源的波动范围，如 ±7% 等。特殊情况下有些电梯会采用单相电源供电，如家用别墅电梯。

供电电源故障的常见原因主要是输入电源电压过高、电压过低、相间不平衡、功率不够、没有保护接地或者保护接地不当等。

输入电压过高或者过低会导致控制及驱动系统电压过高或者过低，极端情况下会导致控制系统无法工作或者烧毁器件。

相间不平衡包括缺相、三相电压中某一相与另外两相之间的电压差超过一定的范围。正常情况下电梯控制系统会配置相序继电器，可以通过相序继电器判断相间不平衡的故障。

功率不够的情况相对较少，可能的情况是供电主回路中某一空气开关的功率不够，导致电梯一旦运行就断电，或者当电梯运行在高负荷状态时，供电主回路就断电。

没有保护接地或者保护接地不当的情况相对较多。保护接地就是把电气设备的金属外壳、框架等用接地装置与大地可靠连接，这一做法广泛适用于三相五线制供电系统。当电气设备的绝缘电阻损坏造成设备的外壳带电时，接地可以有效地防止人体碰触外壳而发生触电伤亡事故。采用保护接地时，接地电阻不得大于 4 Ω。接地线可以用黄绿双色铜线，其线径应不小于 4 mm^2。机房内的接地线必须穿管铺设，与电气设备的连接必须采用线接头。井道内的电气部件、接线箱、接线盒与线槽或者电线管之间也可以采用 4 mm^2 的黄绿双色铜线。轿厢的接地线可以由软电缆的结构形式决定，采用钢芯支持绳的电缆可以利用钢芯支持绳作接地线，采用尼龙芯的电缆则可以把若干根电缆芯合股作为接地线，但其截面应不小于 4 mm^2。每台电梯的各部分接地设施应连成一体，并可靠接地。

（2）电气安全回路、门锁回路故障

要熟识原理图和电气元件的安装位置，在判断和检查排除故障之前，必须彻底搞清楚故障的现象，才有可能根据电气原理图和故障现象，迅速准确地判断出故障的性质和范围。

电气安全回路、门锁回路是两个较容易发生故障的回路。安全回路串联着大部分的电气安全开关。门锁回路串联着所有的厅门、轿门的门锁触点。

下面我们以 SJEC 的电梯对这两个回路进行简单分析。

① 电气安全回路：从电气安全回路原理图（图 5-34）我们可以清晰地看到，整条安全

第 5 章 电梯电气故障的诊断与维修

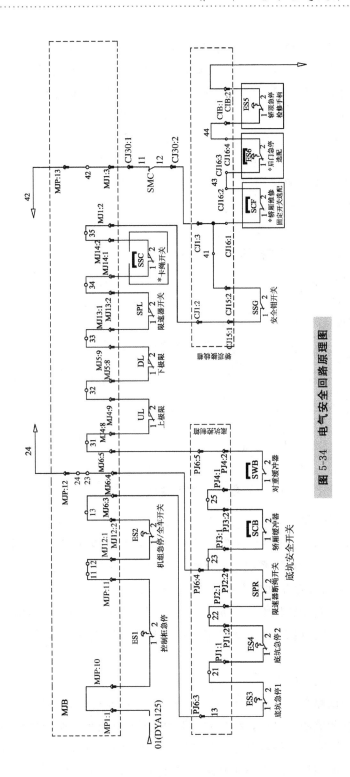

图 5-34 电气安全回路原理图

回路是由很多个电气安全开关串联组成的。在电梯运行过程中,一旦其中一个安全开关动作就会切断整个安全回路,从而造成制停电梯的结果。所以当我们解决安全回路故障时,可以利用万用表,根据安全回路原理图上各个安全开关的标注位置,在控制柜中查找出断开的安全开关,将断开的安全开关复位后即可使电梯恢复正常运行。

② 门锁回路:与电气安全回路同理,在门锁回路原理图中,我们可以了解整条门锁回路是由所有厅门串联轿门所组成的。任何一个门锁触点断开都会切断整条门锁回路。所以当门锁回路发生故障时,一般来说,我们仅需检查厅门门锁以及轿门门锁触点的闭合断开情况,就可解决门锁回路的问题。

另在 TSG T7001—2009 的第 1 号修改单和第 2 号修改单中提出了门锁旁路的概念。如图 5-35 所示为增加了门锁旁路的门锁回路原理图。

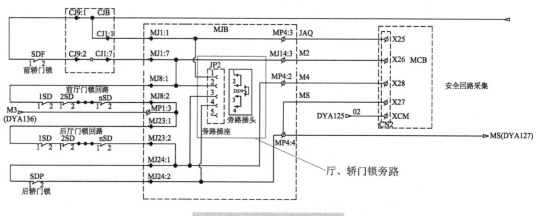

图 5-35　门锁回路原理图

(3) 报警装置故障

在电梯轿厢内部通常存在一个警铃按钮,它是当电梯发生故障困住乘客时乘客通知外界的主要工具之一。报警系统主要是由一个常开按钮以及一个蜂鸣器组成的。在按动警铃按钮时,通常还会联动电梯对外对讲系统,可以直接和用户值班室取得联系,特殊用户可能还增配了自动转接维修人员的功能。所以当报警装置发生故障时,我们不仅需要检查按钮触点,清洁触点,还需要检查警铃的外围接线,包括警铃供电系统、电梯对讲系统和转接系统等。

(4) 照明、风扇故障

照明和风扇回路总体来说是简单的电路。但是一般我们会在整个回路中加入少许开关来控制电梯的照明与风扇,有时还会用计时开关来控制照明与风扇系统。所以,在解决照明、风扇故障时,我们需要先确认照明、风扇回路的供电是否正常,然后再检查整个回路中控制照明与风扇的各个开关,确认它们的工作状态是否正常。同时我们需要了解电梯在什么情况下,控制系统会自动切断照明及风扇的供电。例如,电梯是否处于停梯等待的状态,电梯是否处于锁梯的状态。因为在某些特定的状态下,电梯控制系统会自动切断照明及风扇的供电。

(5) 门安全触板、光幕故障

为了防止电梯门在关闭过程中夹住乘客,所以一般在电梯轿门上装有安全触板或光幕。

安全触板为机械式防夹人装置,当电梯在关门过程中,人碰到安全触板时,安全触板向内缩进,带动下部的一个微动开关,安全触板开关动作,控制门向开门方向移动。

有的电梯安装了光幕。光幕的一边为发射端,另一边为接收端。当电梯门在关闭时,如果有物体挡住光束,接收端接收不到发射端的光源,立即驱动光电继电器动作,光电继电器控制门向反方向移动。

当门安全触板及光幕发生故障时,我们需要检查安全触板开关是否被损坏,是否被卡住或者开关是否调整不当,或是安全触板微动作引起微动开关误动作,并且检查接线是否牢靠。

当光幕发生故障时,我们需要检查光幕安装位置是否对正,在光幕表面是否有物体遮挡了光束,是否有部分光束损坏,并且检查光幕的常开、常闭状态是否设置正确。

(6) 门机驱动电气故障

电梯门机驱动系统主要由门电机及门控制器组成,我们在解决这部分故障时应该综合这两部分来解决。门控制系统的故障主要集中在以下几点:

① 电机转向错误。

② 电机编码器脉冲反馈错误。

③ 电机编码器连接松动。

④ 电机编码器类型选择错误。

⑤ 机械卡阻,导致门机无法正常工作。

⑥ 开门、关门力度不够,参数设置错误。

⑦ 开门、关门到位信号丢失或常开、常闭状态选择错误。

⑧ 门电机缺相,门电机损坏。

⑨ 门控制器内门宽数据错误。

⑩ 各到位开关、减速开关信号采样异常等。

我们在处理门机故障时,首先应该对照相应门机的说明书,在检查完相关的重要参数后,针对以上几点对症下药,有针对性地解决门机部分的故障。

5.3　电梯控制系统故障诊断与预防建议

电梯控制系统故障常常是造成电梯无法正常运行的重要原因,对电梯控制系统故障进行准确及时的诊断和积极的预防是提高电梯控制系统运行质量的有效保障。

1. 积极学习和应用电梯控制系统故障诊断系统进行检测

由于电梯构造复杂,运行机理多样,跨学科性强,导致电梯维护人员有时难以凭借肉眼和经验进行相应诊断,因而有必要加强对电梯控制系统故障诊断系统的应用和研究,以提高故障诊断和排除故障的效率。

2. 提高电梯维护与管理人员的业务水平

电梯维护与管理人员是电梯能否正常运行、电梯故障能否得到及时发现、诊断、排除的人力保障和智力支持。由于电梯自身构造、运行的特征及当前电梯被赋予的使命特征使得电梯维护与管理人员承担着极强的工作压力,这些不仅要求维护人员熟悉电梯控制系统的硬件构成、功能、保养等知识,而且要求维护人员要有熟练操作和迅速判断故障、准确排除故障的能力。

3. 严格遵守电梯使用管理规定

电梯的相关使用管理规定是电梯正常运行的制度保障,严格按规定使用电梯是避免故障的有效方法。严格遵守电梯的使用管理规定就要严格遵守电梯的采购标准、使用、维护、运行等相关规定,严格执行电梯的例行检查和定期检验制度,及时发现、诊断并解决电梯运行的潜在故障。只有尽可能将故障消灭在萌芽状态,才能避免因故障造成长时间的停机而提高电梯的使用效率。

4. 加强对使用者的教育

影响电梯运行的除设计者、生产者、安装者与维护保养者以外,还有电梯使用者。电梯的使用者既是电梯正常运行的受益人,也是电梯系统故障的受害人,由于缺乏电梯的相关专业知识,其对电梯的不当使用目前已经成为电梯故障不可忽视的因素,因而应将电梯的相关使用规定张贴在电梯内外,以供使用者学习参考。有条件的地方还可以通过举办相应的电梯使用知识竞赛、制作橱窗等进行有关知识的介绍。通过多种途径向使用者宣传电梯的正确使用方法。

目前,电梯已经成为都市人生活、办公、学习必不可少的重要交通工具之一,加强对电梯控制系统故障的研究是提高电梯运行质量的重要举措。

思考题

1. 电梯电气故障的产生主要有哪些原因?

2. 电梯运行过程中常见的故障有哪些?若某一电梯轿厢运行到预定停靠层站的换速点不能换速,产生这种故障可能有哪些原因,应如何排除?

3. 电气短路性质的故障应如何排查,需要注意什么?

第6章 自动扶梯机械故障的诊断与维修

6.1 自动扶梯机械故障排除的思路和方法

同理,扶梯和电梯一样也分为机械故障和电气故障。所以对于故障的维修也要分清是机械故障还是电气故障。确定为机械故障后,首先要查清楚故障属于哪个机械系统,再在对应的系统中找出对应的故障元件或者零部件。

扶梯各系统的连接紧固件松脱、系统的润滑不畅、零部件的机械疲劳、长时间使用的自然磨损、安装精度的等级不高等是造成扶梯各系统零部件故障的主要原因。

6.2 各系统常见故障的分析与排除

6.2.1 驱动装置常见故障

驱动装置的驱动主机主要由电动机、减速器和制动器等组成。

1. 蜗轮、蜗杆立式减速器常见故障

【故障诊断】

① 蜗轮、蜗杆两共轭齿面中,硬度高的蜗杆齿面粗糙时,将对蜗轮齿面进行刮研切削,造成齿面金属转移。

② 齿面或润滑油中混入沙粒、硬质物等,对齿面形成切削刮研,造成齿面磨损。

【故障维修】

① 提高齿面的硬度和光洁度,改善齿面的润滑状态。

② 对减速箱内零件进行清洗润滑,按照规定选择润滑油及润滑方法,并及时更换润滑油,防止油污染。

③ 当齿面磨损严重时应及时更换。

2. 电动机轴承常见故障

（1）轴承磨损

【故障诊断】

① 轴承安装精度不高,产生偏载,造成滚动体与滚道磨粒磨损,轴承工作不正常,有震动及噪声。

② 润滑油脂中有异物,造成滚道划伤。

【故障维修】

① 对轴承进行保护,防止异物进入。

② 提高安装精度,防止偏载。

（2）轴承烧伤

【故障诊断】

① 电机转动使轴承发热烧伤。

② 润滑油使用不当。

③ 油量不足,或油污染严重。

④ 安装方法不对,使轴承歪斜。

⑤ 轴向窜动量过小。

【故障维修】

① 选用规定的润滑油。

② 加指定油量,对严重污染的油应及时更换。

③ 严防轴承安装歪斜,防止运动干涉;密封件不能太紧太干。

④ 安装电机时要严格控制轴向窜动量,不能过小。

3. 其他异常现象诊断

（1）制动器有发热现象

【故障诊断】

① 闸瓦与制动轴的间隙发生偏移,造成单边摩擦生热。

② 电磁铁的工作行程太小或者太大。工作行程太小,制动器吸合时将产生较大电流使磁铁发热;工作行程太大,将使制动器吸合后张开间隙过小,即闸块与制动轴处于半摩擦状态产生热量,使电机超负荷工作,热继电器跳闸。

③ 磁体工作时,若磁柱有卡阻现象,会有大电流引起发热。

【故障维修】

① 调节闸瓦间隙,使它不能产生局部摩擦。

② 调整电磁铁的工作行程到规定范围。

③ 调整制动器弹簧的张紧度,保证制动器灵活可靠。

(2) 机房内电动机和减速器有异响,主传动轴及扶手传动轴处有异响

【故障诊断】

轴承处干燥缺油或有异物,轴承磨损严重。

【故障维修】

① 取出轴承进行清洗,更换新的油脂。

② 更换新的轴承。

(3) 扶梯开不出

【故障诊断】

① 电源及电动机是否有电,是否断相、错相。

② 急停按钮是否复位。

③ 检查安全回路,查看围裙限位开关、梯级限位开关等动作后有无复位。

④ 过热保护起作用。

【故障维修】

① 查看电源及电动机是否有断相、错相,若发现请及时更改。

② 将急停按钮复位。

③ 检查所有安全回路中的限位开关,没有复位的全部进行复位。

④ 查看电路中的熔断丝是否烧坏,若烧坏,则重新接通熔断丝。

(4) 乘客乘坐扶梯时感觉不舒适,有抖动等现象

【故障诊断】

传动链条磨损或张紧过松。在链传动过程中,驱动力作用在链轮及链条上,由于链条在链轮传动过程中不断啮合和脱开,其间产生摩擦力,该摩擦力在自动扶梯长时间的运行中使链条和链轮磨损,致使链条不在节圆直径上,而在比节圆直径大的直径上进行活动。这样一来就会出现链条在链轮上"爬高"的现象。在极端情况下,传动链条在链轮的顶圆直径上运动,链条会在齿轮上跳跃。这样导致自动扶梯在运行过程中,梯级会产生一顿一抖的现象,扶手带的运行速度相对梯级的运行速度也会有滞后现象,这些现象是乘客乘坐扶梯舒适感差的原因。

【故障维修】

检查驱动主机和驱动轴之间的传动链条及链轮是否已被磨损,假如已磨损,则应更换链条链轮,然后调整曳引机底座的张紧凸轮使传动链条适度张紧;检查扶手带传动轴与主驱动轴之间的传动链条链轮是否已被磨损,已磨损的要更换,然后调整扶手带传动的张紧螺栓使传动链条适度张紧。更换链条及调整后,扶梯能够平稳舒适运行。

6.2.2 运转系统常见故障

1. 扶梯运动中发现梯级上下有抖动、前后有窜动现象

【故障诊断】

① 导轨中有异物,引起梯级上下跳动。

② 传动链太松或磨损严重引起扶梯运动不平稳,导致前后窜动。

③ 减速器输出端链轮与主传动轴上的驱动链轮安装定位误差大。

【故障维修】

① 认真检查梯路、梯级导轨是否有杂物,若有应及时清洗。

② 调整传动链松紧,使其运转正常;若磨损严重影响正常使用,则应更换传动链。

③ 重新调整链轮的安装,使其达到规定的要求。

2. 扶手带异常磨损

【故障诊断】

① 驱动轮与扶手带内缘的间隙小于 0.5 mm。

② 扶手带某处存在蹭擦。

③ 驱动轮严重磨损。

【故障维修】

① 调节扶手带导轨或整个驱动轮组件支架。

② 在扶手带上做环形标记,转一圈后看是否有蹭擦。

③ 检查驱动轮磨损情况,重新磨平或者更换驱动轮。

3. 扶手带运动慢、无力、发热

【故障诊断】

① 压紧弹簧过度压紧。

② 驱动轮磨损或磨小。

③ 扶手带张紧不对,过松或过紧。

④ 链条太松,扶手带跳动,在启动和上下转角处特别明显。

【故障维修】

① 调整压紧弹簧达到规定尺寸,使其运转平稳。

② 对于可以磨修的驱动轮应及时修正,若磨损严重使尺寸改变,则应更换新的驱动轮。

③ 调整扶手带,对其重新张紧,达到规定要求,使其运动平稳,没有过紧和松动现象。

④ 调整扶手驱动上的驱动链条,使其上下松紧一致,若链条使用时间过长,伸长量较大,可以更换驱动链条,保证扶梯没有突停、突动的抖动现象。

4. 扶手带圆弧端处发出沙沙声

【故障诊断】

圆弧段扶手支架内的轴承磨损、损坏。

【故障维修】

① 若轴承损坏,则应及时更换。

② 适度调节驱动链的松紧程度。

③ 调整压簧的松紧程度。

④ 若轴承、链条、驱动带损坏,则应及时更换。

5. 梯级碰梳齿板

【故障诊断】

① 梯级进出口梳齿板的导向轮松动,导致梯级运动偏移,碰到梳齿板。

② 两侧链条张紧不均或磨损严重致链条梯路有偏差,引起梯级倾斜,碰到梳齿板。

【故障维修】

① 将进出口处梳齿板的导向轮按要求重新拧紧。

② 对两侧链条重新张紧,并且使两侧张紧一致,磨损严重的链条要重新更换。

6. 梯级本身老化的故障

【故障诊断】

① 踏板齿有裂纹及断裂现象。

② 支架主轴孔处断裂。

③ 支架盖断裂。

④ 主轮脱胶。

【故障维修】

更换踏板、支架、支架盖、主轮,若梯级整体各部件都有损坏现象,可以直接更换整个梯级。

7. 梯级跑偏,在运行时碰擦围裙板

【故障诊断】

① 主辅轨、反轨、主辅轨支架安装得不水平。

② 梯级在梯路上运行不水平,分支各个区段不水平。

③ 相邻两梯级间的间隙在梯级运行过程中变化不恒定。

④ 两导轨在水平方向不平行。

【故障维修】

① 调整主辅轨的全部导轨、反轨及支架,使其达到规定要求。

② 调整上分支主辅轮中心轨。

③ 调整上下分支导轨曲线段相对应位置,使其达到要求。

8. 梳齿前沿板齿断裂、梳齿杆损坏

【故障诊断】

① 扶梯运输压力大,工作时间长,工作环境使得梳齿杆易损坏。

② 前沿板表面有乘客鞋底带的泥沙。

③ 梳齿板齿断裂,被乘客鞋底带进的异物卡住。

④ 梳齿的齿与梯级的齿啮合不好,当有异物卡入时产生变形、断裂。

【故障维修】

① 扶梯出入口保持清洁,前沿板表面无泥沙等异物。

② 梳齿板在扶梯出入口保证梳齿啮合深入。

③ 调整梳齿板、前沿板、梳齿与梯级的齿的啮合尺寸。

④ 调整前沿板与梯级踏板上表面的高度。

⑤ 调整梳齿板水平倾角及啮合深度。

⑥ 当一块梳齿板上有3根齿或连续2根齿损坏时,必须马上更换。

9. 梯级碰擦围裙板,有刮擦的异响声

【故障诊断】

① 梯级侧面尼龙挡块缺油,运动不顺畅、摩擦大。

② 个别梯级夹紧环松动,使梯级左右窜动,擦到围裙。

③ 梯级链条磨损严重,且左右磨损不均匀,导致梯级晃动,会碰到围裙。

④ 梯级侧面黏住细小尖锐异物,刮擦围裙。

⑤ 裙板拼缝处有细小凸缘,能够刮到梯级。

⑥ 梯级链条太松,使梯级有移动,会碰到围裙。

【故障维修】

① 在尼龙挡块处添加规定使用的润滑油,若挡块磨损严重,则重新更换挡块。

② 检查各个梯级的夹紧环,若发现有松动,则及时调整夹紧。

③ 更换梯级链条。

④ 在开梯情况下仔细检查梯级两侧异物,若有,则及时清除。

⑤ 检查围裙拼缝处是否有凸缘,若有,则及时磨平凸缘。

⑥ 重新张紧梯级链条,保证梯级能够按照对应的线路运动,不发生跑偏现象。

10. 梯级在上下圆弧回转处出现"马蹄声"

【故障诊断】

① 梯级在上下圆弧回转处出现异响。

② 个别梯级夹紧环松动。

③ 导轨回转壁拼接不平。

④ 导轨上有异物。

⑤ 梯级链条太松,梯级左右窜动。

【故障维修】

① 检查各个梯级的夹紧环,若发现有松动,则及时调整使之夹紧。

② 检查导轨回转处的拼接情况,及时调整接平。

③ 清理导轨上的异物。

④ 重新张紧梯级链条,不发生跑偏现象。

思考题

1. 引起自动扶梯机械故障的原因有哪些,我们从中有什么思考?

2. 有时候乘坐扶梯时感觉扶梯在运行过程中上下窜动、不平稳,请谈谈造成上述情况的原因有哪些?

3. 近些年来扶梯事故时有发生,对大家的人身安全构成了威胁,从乘客的角度讲,在乘坐扶梯时应注意哪些问题?

第7章 自动扶梯、自动人行道电气故障的诊断与维修

7.1 自动扶梯、自动人行道电气故障形成原因

7.1.1 自动扶梯、自动人行道电气控制系统构成及其重要性

电气控制系统是自动扶梯、自动人行道的两大系统之一。其电气控制系统由控制柜、主驱动电动机、制动器线圈、自动润滑电动机、上下端部的启动/停止钥匙开关及启动警铃钥匙开关、速度检测电气装置、安全保护开关、扶手照明电路、下端机房接线箱、移动检修盒、故障显示器等部件组成。

控制柜一般位于自动扶梯上端部机房,是实现扶梯电力拖动控制和逻辑控制功能的核心部件。分布在自动扶梯各部位的各个电气开关是确保自动扶梯安全运行的器件。检修盒实现自动扶梯检修运行。下端部机房的控制箱使分散的电气元件有机连接起来,共同实现自动扶梯的自动控制及故障显示等功能。自动润滑电气控制装置是确保各机械运动部件适时润滑加油、提高运行舒适性、降低运行噪音和延长机械寿命的重要装置。

自动人行道是带有循环运行(板式或带式)的走道,用于水平或倾斜角不大于12°、连续输送乘客的固定电力驱动设备。自动人行道的安装、调试、试验与检验、竣工验收、使用、日常管理、日常维护、修理以及施工安全管理等工作均可参照自动扶梯的相关要求。

以扶梯控制系统为例。本控制系统包括上机房、下机房和主体三个部分,各部分通过自动扶梯(自动人行道)专用电缆连接。

1. 上机房

上机房位于自动扶梯的上部,它是放置驱动装置和主控制系统的场所。在扶梯控制

系统中,它主要含有以下电气部件:

(1) 上控制箱

上控制箱是整个自动扶梯(自动人行道)的控制中心,所有控制信号和拖动信号皆由此发出。

(2) 驱动电机

驱动电机采用六极三相异步电机,电压等级和频率根据安装国家的电源情况选择。

(3) 抱闸电磁铁

抱闸电磁铁是自动扶梯(自动人行道)的工作制动器,电压等级和频率根据安装国家的电源情况选择。

(4) 超速和逆转编码器

利用速度编码器监测扶梯的运行方向和速度,当实际转速超出额定速度的120%,或启动加减速4 s后低于15%的额定速度,或发生非操纵逆转时,将产生故障,致使扶梯停机。该编码器还可用于制动距离监测,当制动距离超过标准允许范围的1.2倍时,将发生故障并报警,同时致使扶梯停机。

(5) 抱闸打开检测开关

该开关用来检测抱闸的打开情况,确保自动扶梯(自动人行道)在抱闸左右臂没有完全打开的情况下不能启动。

(6) 上部梳齿板检测开关

左右两个开关用来检测上部梳齿板是否有异物夹入,将其串入安全回路。

(7) 上部踏板坠落检测开关(自动扶梯中无此开关)

在踏板回转处下方安装一个检测开关,用来检测是否有踏板坠落下来,将其串入安全回路。

(8) 第二抱闸打开检测开关和第二驱动链断链检测开关

当自动扶梯(自动人行道)采用双驱动方式时,需要增加以上电气部件。

(9) 驱动链断链检测开关

该开关用来检测驱动链的张紧情况,将其串入安全回路。在安装有附加安全制动器的情况下,该开关的动作也被用来触发安全制动器。

(10) 加油装置

利用该装置可以对自动扶梯(自动人行道)的驱动链和曳引链进行自动或手动加油。

(11) 上部活动盖板检测开关

该开关用来检测上部活动盖板是否被开启,以保证上部活动盖板开启后立刻进入检修状态。

(12) 检修手柄

检修手柄是维保人员操作检修运行时的专用手柄,上、下机房通用。

2. 下机房

下机房位于自动扶梯的下部,它是放置下控制箱的场所。在扶梯控制系统中,它主要包含以下电气部件:

(1) 下控制箱

下控制箱是上控制箱在自动扶梯(自动人行道)下部专设的中转站,它的主要功能是联系上控制箱与自动扶梯(自动人行道)下半段各电气部件,并提供必需的检修接口。

(2) 曳引链张紧检测开关

左右两个开关用来检测两根曳引链的张紧情况,将其串入安全回路。

(3) 下部梳齿板检测开关

左右两个开关用来检测下部梳齿板是否有异物夹入,将其串入安全回路。

(4) 下部踏板坠落检测开关(自动扶梯中无此开关)

在踏板回转处下方安装一个检测开关,用来检测是否有踏板坠落下来,将其串入安全回路。

(5) 下部活动盖板检测开关

该开关用来检测下部活动盖板是否被开启,以保证下部活动盖板开启后立刻进入检修状态。

3. 主体

自动扶梯(自动人行道)中除了上、下机房外的部分称为主体,它主要包括以下部件:

(1) 方向钥匙开关

自动扶梯(自动人行道)的上部和下部各安装一个三位置(左、中、右)的自复位钥匙开关,该开关用来设定自动扶梯(自动人行道)的运行方向。根据所选功能和梯种的不同,它们可能被安装在围裙板、内盖板、扶手盖板或自启动立柱上。

(2) 紧急停止按钮

自动扶梯(自动人行道)的上部和下部各安装一个自复位按钮,该按钮用来在需要或发生意外的情况下,紧急停止运行。根据所选功能和梯种的不同,它们可能被安装在围裙板、内盖板、扶手盖板或自启动立柱上。

(3) 梯级(踏板)下陷检测开关

在自动扶梯(自动人行道)上、下回转处梯级(踏板)的下方各安装一个自复位开关,用来检测梯级(踏板)下陷的位置,并将其串入安全回路。

(4) 扶手带进出口保护开关

在自动扶梯(自动人行道)上、下回转处梯级(踏板)的下方各安装一个自复位开关

(共 4 个),用来检测扶手带进出口处是否有异物夹入,并将其串入安全回路。

(5) 围裙位置检测开关

为保证梯级(踏板)在运动过程中不和围裙板发生摩擦,在围裙板的上、下、左、右各安装一个自复位的微动开关,并将其串入安全回路。

(6) 梯级(踏板)间隙照明

在自动扶梯(自动人行道)上、下水平梯级(踏板)的下方各安装一个绿色荧光灯管照明,提醒乘客可以乘坐。

(7) 梳齿照明

在自动扶梯(自动人行道)上、下梳齿处的围裙板上各安装一对荧光灯管照明,方便乘客正确乘坐。

(8) 扶手带测速探头

为保证自动扶梯(自动人行道)在运行过程中扶手带的运行速度和梯级(踏板)运行速度保持一致,在左右扶手带的托轮上各安装一个测速探头,随时监控扶手带的运行速度。

(9) 梯级防跳检测开关

为防止梯级在进入上、下圆弧段时发生上跳造成乘客摔倒,在自动扶梯上、下圆弧段的导轨上安装防跳板和防跳检测开关,并将防跳检测开关串入安全回路。

(10) 马达绕组保护

为保证电机在长时间运行后不会因过热而造成损坏,可增加马达绕组保护装置。

(11) 安全制动器电磁铁、安全制动器动作检测开关

在自动扶梯(自动人行道)中,驱动轴与减速机是通过链条联动的,为防止自动扶梯(自动人行道)在运行过程中超速、工作制动器失效或驱动链断链,在驱动轴上安装一套附加安全制动器。同时该安全制动器的动作会被安全制动器动作检测开关实时检测。

(12) 节能开关

在光柱式自启动、踏垫式自启动、漫反射自启动三种节能功能中,需要在自动扶梯(自动人行道)上、下部各安装一个钥匙开关形式的节能开关,作用是切换节能运行和常规运行两种工作状态。根据所选功能和梯种的不同,它们可能被安装在围裙板、内盖板、扶手盖板或自启动立柱上。

(13) 乘客探测传感器的发射器和接收器

在光柱式自启动、踏垫式自启动、漫反射自启动三种节能功能中,需要在自动扶梯(自动人行道)上、下部各安装一个乘客探测传感器,用来探测乘客进入和离开的信号,以实现节能运行的切换。根据所选功能和梯种的不同,它们可能被安装在围裙板内、活动盖板下或自启动立柱内。

第 7 章　自动扶梯、自动人行道电气故障的诊断与维修

（14）交通信号灯

在光柱式自启动、踏垫式自启动两种节能功能中，需要在自动扶梯（自动人行道）上、下部各安装一个交通信号灯，信号灯具有"允许通行"和"禁止通行"两种制式，该信号灯的作用是引导乘客正确乘梯。根据所选功能和梯种的不同，它们可能被安装在内盖板上、外盖板上、扶手盖板上或自启动立柱上。

（15）蜂鸣器

在自动扶梯（自动人行道）上、下部各安装一个蜂鸣器，用作启动警告、急停按钮开启警告、扶手带速度异常警告及自启动功能中的反向进入警告。根据所选功能不同，它们可能被安装在控制箱内、急停按钮处或自启动立柱上。当扶梯启动时蜂鸣器叫 3 声以提醒乘客乘坐。当进入检修状态时蜂鸣器持续 3 s 警告，当有故障时蜂鸣器会一直提醒，直到故障解除。

（16）远程监控

远程监控主要对自动扶梯（自动人行道）的上行、下行、减速、停车等状态进行监控。

相对于电梯而言，自动扶梯的电气控制系统比较简单，它与一般机械加工机床的电气控制系统有相似之处。

电气控制系统决定了自动扶梯、自动人行道的性能。它是控制自动扶梯、自动人行道各传动装置安全、可靠、平稳、舒适运行的动力源和有力的保障。因此，必须根据自动扶梯、自动人行道安装使用地点、乘载对象进行认真选择，才能最大限度地发挥自动扶梯、自动人行道的使用效率。

7.1.2　自动扶梯、自动人行道电气故障类型

由于自动扶梯、自动人行道电气控制系统比电梯的简单，因此自动扶梯、自动人行道的电气故障也相对简单。主要的电气故障可分为以下几类：

① 过压过流。
② 欠电压。
③ 超速或欠速。
④ 电源断相、错相。
⑤ 系统故障（电气元件失效或误操作导致程序失灵）。
⑥ 电气部件散热异常。
⑦ 通信干扰。

7.1.3　自动扶梯、自动人行道电气故障形成原因

自动扶梯、自动人行道故障中有相当一部分是电气控制系统的故障。同电梯故障一

样,造成自动扶梯、自动人行道电气控制系统故障的原因是多方面的,主要包括元器件质量、安装调整质量、维修保养质量、外界环境条件变化和干扰等。

自动扶梯的电气控制系统按采用的过程管理、控制装置分为继电器控制、可编程控制器(PLC)控制、微机控制等几种。继电器控制在20世纪90年代前用得比较多,这种控制原理比较简单、直观,但由于其触点较多,接线比较复杂,故障率较高且排除故障比较困难,难以实现许多附加的先进功能,现已被逐渐淘汰。采用可编程控制器的自动扶梯控制系统具有控制柜接线少、抗干扰能力强、可靠性高、编程简单、操作方便、通用性强、安装调试简单、维修方便、故障率大大降低等优点而被广泛采用。

下面对自动扶梯、自动人行道常见故障的原因进行分析。

1. 元器件损坏

安装人员的不规范操作或电气元件本身的质量问题,是导致自动扶梯、自动人行道不能安全运行的重要原因。因此,自动扶梯、自动人行道生产厂家必须严格把关电气元件的采购,安装检修人员必须严格遵守相应安装维修操作规范,以排除相应的故障隐患。

2. 各部位开关故障

自动扶梯每个部位的开关分别实现各自不同的保护功能,因此若开关出现问题,则会检测不出自动扶梯各部位的安全性,从而导致更大的安全隐患。所以必须保证下列装置动作的正确性。

① 紧急停止开关。
② 牵引链断链保护装置。
③ 传动链断链保护装置。
④ 护手胶带入口保护装置。
⑤ 非操纵逆转保护装置。
⑥ 梳齿板保护开关。
⑦ 工作制动器。
⑧ 超速保护开关。
⑨ 梯级控制装置。
⑩ 裙板开关。
⑪ 扶手胶带断带保护装置。
⑫ 相序保护装置。

第7章　自动扶梯、自动人行道电气故障的诊断与维修

7.2 自动扶梯、自动人行道电气故障的诊断与维修

7.2.1 自动扶梯、自动人行道常见电气故障诊断与维修方法

自动扶梯、自动人行道的机械结构比较复杂，电气开关安装比较分散，因此，出现机械与电气故障也是正常的，但质量好的自动扶梯、自动人行道故障出现的频率较低，且维修故障的时间较短。为了降低维修时间，提高维修工作质量，下面介绍自动扶梯、自动人行道的一些常见故障与排除方法，希望能对自动扶梯、自动人行道的维修人员有所帮助。

1. **接通电源后定向启动，自动扶梯、自动人行道未启动运行**

① 钥匙开关触点接触不良，清洗并调整触点。

② 电压不足，检查供电电压。

③ 扶手带入口保护装置安全触点调整不当，保护装置的安全触点杠杆动作，检查并调整扶手带入口使其灵活可靠。

④ 检查梯级与梳齿之间是否卡有异物，若有异物，则应及时清除。

⑤ 控制柜内接触器、继电器等接触不良、短路或断路，检查元件，必要时修理或更换，检查接线是否可靠。

2. **围裙板保护开关动作**

① 梯级与围裙板之间有异物夹入，排除异物，并使围裙板及安全开关复位。

② 围裙板受碰撞，找出并排除围裙板受碰撞的原因，并使安全开关复位。

③ 梯级或踏板因跑偏而挤压围裙板，排除梯级或踏板跑偏的故障。

3. **超速或欠速**

① 有梯级或踏板损坏，更换损坏的梯级或踏板。

② 速度传感器偏位、损坏或感应面有污垢。重新调整传感器的位置，更换损坏的传感器，清洁感应面。

4. **相位监控装置动作**

与电网相连的相序接错，重新连接三相动力线。

5. **过电流**

由于突加重载、电机电缆短路、电机选型不合适等可能导致运行电流过大的问题，因此必须首先检查串联在电动机供电电路中的热继电器是否正常工作，再检查负载载重是否合适，以及电缆状况和电机规格，并排除相应故障。

6. 过电压

自动扶梯、自动人行道减速时间过短,设备受到很高的过压峰值影响可能导致过电压的问题,因此必须进一步调整自动扶梯、自动人行道的运行速度,同时保证外部电网的稳定。

7. 接地故障

电机或电缆绝缘失效可能导致电机箱电流之和不为零,并引发接地故障。因此必须检查电机、电缆,并排除相应故障。

8. 系统故障

元件失效和人员的误操作会导致自动扶梯、自动人行道程序运行紊乱。因此可采取故障复位、重新启动措施排除故障。

9. 电机过热

可能原因是电机过载,因此必须减少电机负载。

7.2.2 自动扶梯、自动人行道电气故障维修实例

故障按类型分为硬故障、软故障和警告。硬故障即由安全开关动作造成安全回路断开所引起的故障;软故障是除了硬故障以外的所有故障,是需要主控板和PESSRAE安全板通过一系列逻辑判断来确定的故障。

当警告发生时不会影响扶梯的正常运行,如加油警告。当故障发生时,蜂鸣器将警报提示,直至故障复位。

故障显示保持上一次发生的故障,可通过按下复位按钮或启动扶梯对显示进行复位。

本控制系统故障分为三类:由主控制器监控的故障、由安全板监控的故障和由安全回路抽点检测板监控的安全开关故障。

1. 由主控制器监控的故障(表 7-1)

表 7-1 由主控制器监控的故障

代码	故障名称	故障产生原因	故障排除
E001	安全回路断开	1. 运行异常造成安全回路断开; 2. PLC 的 I0 输入损坏; 3. 安全继电器 K20、K21 损坏	1. 检查各相应安全开关是否动作以及安全回路接线是否正常; 2. 检查 PLC 的 I0 输入端子是否接收到安全反馈信号或输入端子是否损坏; 3. 检查 K20、K21 继电器动作是否正常

第 7 章　自动扶梯、自动人行道电气故障的诊断与维修

续表

代码	故障名称	故障产生原因	故障排除
E002	电源相序故障	1. 缺相、断相； 2. PLC 的 I15 端子损坏； 3. 相序继电器的接线不当； 4. 相序继电器 F0 自身故障	1. 检查 PLC 的 I15 输入是否输入正常； 2. 当相序继电器指示灯为红色时，检查电源是否缺相、断相以及相序继电器、PLC 及 XT2 端子的接线； 3. 任意调换 R、S、T 两相输入电源连接线，再次送电检查； 4. 更换相序继电器
E003	电机 1 过热保护	1. 电机实际运行环境温度过高； 2. PLC 的 I19 端子损坏； 3. 热敏电阻控制器损坏或热敏开关损坏； 4. 接线异常	1. 故障复位，重新启动； 2. 检测马达运行环境温度是否过高，加强散热，降低环境温度； 3. 检查相关接线是否正常或检查 I19 端子是否损坏； 4. 热敏电阻过热保护时，检查热敏电阻阻值，若远大于 3 100 Ω，则需要更换
E004	电机 2 过热保护		
E005	电机 1 过载保护	1. 电机过载运行； 2. PLC 的 I16 端子损坏； 3. 热继电器 FR 损坏或接线异常	1. 故障复位，重新启动； 2. 检查热继电器相关接线或检测 I16 端子是否损坏； 3. 检测热继电器的常闭触点是否正常，若不正常，则手动按下热继电器复位按钮后再次检测，若还处于断开状态，热继电器 FR 损坏
E006	电机 2 过载保护		
E007	抱闸 1 磨损	1. 主机抱闸片磨损； 2. 主机检测抱闸磨损开关异常； 3. 相关接线异常	1. 故障复位，重新启动； 2. 判断抱闸部件是否磨损； 3. 检查抱闸磨损开关相关接线
E008	抱闸 2 磨损		
E013	接触器回路 1 粘连	1. 停机后接触器 KM4、KM5、KM8 或 KM10 无法正常释放； 2. PLC 的 I13 端子损坏； 3. 停机后，接触器 KM4、KM5 或 KM10 辅助常闭触点没有闭合； 4. 接线异常	1. 检查接触器，故障复位，重新启动； 2. 检查接触器的辅助常闭触点接线； 3. 检查机械动作结构是否卡死； 4. 检查辅助常闭触点、I13 端子是否损坏

续表

代码	故障名称	故障产生原因	故障排除
E014	接触器回路2粘连	1. 停机后接触器 KM6、KM7 或 KM11 无法正常释放； 2. PLC 的 I14 端子损坏； 3. 停机后,接触器 KM6、KM7 或 KM11 辅助常闭触点没有闭合； 4. 接线异常	1. 检查接触器,故障复位,重新启动； 2. 检查接触器的辅助常闭触点接线； 3. 检查机械动作结构是否卡死； 4. 检查辅助常闭触点、I14 端子是否损坏
E016	检修保护	1. 正常运行时,上/下检修插座接线松动或脱落； 2. 上/下检修插座盖松动； 3. PLC 的 I11 端子损坏； 4. 正常运行时,上下机房连接线异常	1. 检查上/下机房检修插座,将检修插座闭合稳妥； 2. 检查 I11 端子是否损坏； 3. 检查检修相关接线是否异常
E017	变频器故障	1. 变频器有故障； 2. PLC 的 I23 端子或变频器输出端子损坏； 3. 接线异常	1. 查看变频器是否有故障； 2. 检查 I23 端子或者变频器输出端子是否损坏； 3. 检查变频器输出相关接线
E018	接触器回路1未吸合	1. 启动后接触器 KM4、KM5、KM8 或 KM10 常闭辅助触点没有断开； 2. 相关接线异常； 3. PLC 的 I13 输入点短路或其他信号串入	1. 故障复位,重新启动； 2. 检查接触器相关接线； 3. 检查相关接触器机械动作机构是否卡死； 4. 检查接触器辅助常闭触点是否损坏； 5. 检查 I13 输入点是否存在其他信号接入或干扰
E019	接触器回路2未吸合	1. 启动后接触器 KM6、KM7 或 KM11 常闭辅助触点没有断开； 2. 相关接线异常； 3. PLC 的 I14 输入点短路或其他信号串入	1. 故障复位,重新启动； 2. 检查接触器相关接线； 3. 检查相关接触器机械动作机构是否卡死； 4. 检查接触器辅助常闭触点是否损坏； 5. 检查 I14 输入点是否存在其他信号接入或干扰
E021	上机房进水	1. 机房进水,浮球开关动作； 2. 相关接线异常； 3. 水位检测开关损坏； 4. 开关插件接触不良	1. 故障复位,重新启动； 2. 检查浮球开关是否动作； 3. 检查开关插件是否松动或损坏； 4. 检查相关接线是否异常
E022	下机房进水		

续表

代码	故障名称	故障产生原因	故障排除
E033	自动加油油位低	1. 油箱油位低； 2. A5 输入口 X3 损坏或无输入信号； 3. 油箱油位开关异常； 4. 插件松动或接线异常	1. 故障复位，重新启动； 2. 检查油箱是否缺油； 3. 测试油位开关是否损坏； 4. 检查相关插件接线是否异常
E034	加油装置长期缺油		
E035	维保超时	运行时间达到软件设定的维保时间	由专业的维保人员进行维修保养后更改对应的设定参数
E036	消防停梯（DC24 V）	1. 外部火警检测开关动作； 2. PLC 的 I18 端子损坏； 3. 相关接线异常	1. 故障复位，重新启动； 2. 确认是否发生火情或外部火警检测开关是否误动作； 3. 检查 I18 端子是否损坏； 4. 检查相关接线
E044	A9 通信故障	1. A9 板拨码错误； 2. 插件 A9:CN1 与 A3:JU23 接线异常； 3. A9 板或 A3 板损坏	1. 故障复位，重新启动； 2. 检查 A9 拨码； 3. 检查插件 A9:CN1 与插件 A3:JU23 的接线情况； 4. 更换 A9 板或 A3 板

2. 由 PESSRAE 安全板监控的故障

当故障被检出时，通过安全板切断其控制的两个安全继电器（K20、K21），进而切断安全回路，停止或禁止运行。此类故障见表 7-2。

表 7-2　由安全板监控的故障

代码	故障名称	故障产生原因	故障排除
E101	超速 1.2 倍	1. 实际运行速度超出额定速度的 120%； 2. 测速编码器故障； 3. 变频器频率设置异常	1. 故障复位，重新启动； 2. 检查测速编码器安装是否正确； 3. 检查变频器频率设置是否正确； 4. 确认实际速度是否超出额定速度
E103	非操纵逆转	1. 上行时，A/B 相主机测速传感器与安全板的接线异常； 2. A17 板 A/B 相插件颠倒； 3. 下行时，方向信号为上行	1. 检查 A/B 相主机测速传感器与安全板的接线； 2. 检查 A17 板 A/B 相插件是否颠倒； 3. 下行时，检查 Si07 与 Si08 信号是否颠倒

续表

代码	故障名称	故障产生原因	故障排除
E104	制停距离超限	停止运行时,抱闸磨损或调整不当	1. 检查抱闸片磨损情况; 2. 调整抱闸装置
E105	左扶手带欠速	1. 测速传感器故障或测速装置松动、错位; 2. Si02与传感器连接的信号线断开或松动; 3. 左扶手带实际运行速度异常; 4. A17插件接触不良; 5. 安全板输入点异常	1. 故障复位,重新启动; 2. 检查左扶手带测速传感器是否损坏及安装情况; 3. 检查左扶手带测速传感器与安全板之间的连接是否正常; 4. 检查左扶手带机械运动部件是否有异常; 5. 确认传感器插件及安全板的输入点是否正常
E106	右扶手带欠速	1. 测速传感器故障或测速装置松动、错位; 2. Si03与传感器连接的信号线断路或松动; 3. 右扶手带实际运行速度异常; 4. A17插件接触不良; 5. 安全板输入点异常	1. 故障复位,重新启动; 2. 检查右扶手带测速传感器是否损坏及安装情况; 3. 检查右扶手带测速传感器与安全板之间的连接是否正常; 4. 检查右扶手带机械运动部件是否有异常; 5. 确认传感器插件及安全板的输入点是否正常
E107	上梯级/踏板遗失	1. 传感器故障或传感装置松动错位; 2. Si04与传感器连接的信号线断路或松动; 3. 上梯级遗失; 4. 插件接触不良; 5. 安全板输入点异常	1. 故障复位,重新启动; 2. 检查上梯级/踏板传感器是否损坏及安装情况; 3. 检查上梯级/踏板传感器与安全板之间的连接; 4. 检查梯级; 5. 确认传感器插件及安全板的输入点是否正常
E108	下梯级/踏板遗失	1. 传感器故障或装置松动错位; 2. Si05与传感器连接的信号线断路或松动; 3. 下梯级遗失; 4. 插件接触不良; 5. 安全板输入点异常	1. 故障复位,重新启动; 2. 检查下梯级/踏板传感器是否损坏及安装情况; 3. 检查下梯级/踏板传感器与安全板之间的连接; 4. 检查梯级; 5. 确认传感器插件及安全板的输入点是否正常

续表

代码	故障名称	故障产生原因	故障排除
E126	欠速	1. 运行 5 s 后,检测到实际运行速度低于 0.07 m/s; 2. 变频器运行频率参数异常; 3. 马达启动缺相运行; 4. 抱闸装置异常	1. 故障复位,重新启动; 2. 检查驱动电机与变频器和交流接触器的接线是否正常,交流接触器主触点是否损坏; 3. 检查变频器运行频率参数是否正确; 4. 调整抱闸装置
E127	左扶手带传感器损坏	1. 测速传感器输出故障; 2. Si02 传感器连接的信号线短路; 3. 运行时,测速装置异常	1. 故障复位,重新启动; 2. 检查左(右)扶手带测速传感器是否损坏及安装情况; 3. 检查安全板的输入信号是否短路或异常; 4. 检查左(右)扶手带机械运动部件是否卡死
E128	右扶手带传感器损坏		
E132	复位按钮粘连	1. 常开触点粘连或者与安全板接线异常; 2. 复位时间过长	1. 断电复位,重新启动; 2. 检查复位按钮常开触点是否粘连; 3. 检查安全板的 Si06 输入信号是否正常; 4. 检查相关接线是否正常
E133	方向信号异常(丢失)	正常运行后,Si07 和 Si08 接线异常,上/下行信号同时出现	1. 故障复位,重新启动; 2. 检查安全板的 Si07 和 Si08 输入信号接线是否正确; 3. 确认是否由于干扰导致信号点异常
E134	附加制动器控制失效	1. 附加制动器动作时,安全继电器 KR3、KR4 常开触点打开异常或者接线错误; 2. 安全板反馈点 Si12 输入异常	1. 故障复位,重新启动; 2. 检查 KR3、KR4 接触器的常闭触点与接线; 3. 检查 Si12 输入是否正常
E135	安全继电器失效	1. K20、K21 继电器异常; 2. Si11 接线异常; 3. 安全板输入端损坏	1. 在 So0、So1 无输出的情况下检查 K20、K21 常闭触点是否正常闭合; 2. 在 So0、So1 正常输出的情况下检查 K20、K21 是否正常动作; 3. 检查相关接线及安全板的输入点是否异常
E138	驱动链 1 开关	1. 驱动链开关动作; 2. 插件松动或接线异常; 3. 开关震动瞬断; 4. 安全板的 Si09 输入点异常	1. 复位故障,运行扶梯,观察驱动链开关安装状况,是否震动幅度较大; 2. 检查驱动链开关是否动作; 3. 检查相关接线及插件状况; 4. 检查安全板的 Si09 输入点是否异常
E139	驱动链 2 开关		

续表

代码	故障名称	故障产生原因	故障排除
E141	上梯级/踏板传感器异常	1. 测速传感器输出故障(持续6 s输出); 2. 与Si04或Si05传感器连接的信号线短路	1. 故障复位,重新启动; 2. 检查梯级遗失传感器是否损坏及安装情况; 3. 检查安全板输入信号是否短路或异常
E142	下梯级/踏板传感器异常		
E149	抱闸1右臂未打开	1. 右抱闸开关损坏或未调整到位; 2. 安全板的Si14端子损坏; 3. 抱闸开关接线异常	1. 故障复位,重新启动; 2. 检查抱闸开关动作是否灵活或损坏; 3. 调整抱闸开关至合理位置; 4. 检查Si14端子是否损坏或相关接线
E150	抱闸1左臂未打开	1. 左抱闸开关损坏未调整到位; 2. 安全板的Si13端子损坏; 3. 抱闸开关接线异常	1. 故障复位,重新启动; 2. 检查抱闸开关动作是否灵活或损坏; 3. 调整抱闸开关至合理位置; 4. 检查Si13端子是否损坏或相关接线
E151	抱闸2右臂未打开	1. 右抱闸开关损坏或未调整到位; 2. 安全板的Si16端子损坏; 3. 抱闸开关接线异常	1. 故障复位,重新启动; 2. 检查抱闸开关动作是否灵活或损坏; 3. 调整抱闸开关至合理位置; 4. 检查Si16端子是否损坏或相关接线
E152	抱闸2左臂未打开	1. 左抱闸开关损坏或未调整到位; 2. 安全板的Si15端子损坏; 3. 抱闸开关接线异常	1. 故障复位,重新启动; 2. 检查抱闸开关动作是否灵活或损坏; 3. 调整抱闸开关至合理位置; 4. 检查Si15端子是否损坏或相关接线
E153	抱闸1右臂未闭合	1. 抱闸开关损坏; 2. 抱闸开关未调整到位; 3. 安全板的Si14端子损坏; 4. 接线异常	1. 故障复位,重新启动; 2. 检查抱闸开关动作是否灵活或损坏; 3. 调整抱闸开关至合理位置; 4. 检查Si14端子是否损坏或相关接线
E154	抱闸1左臂未闭合	1. 抱闸开关损坏; 2. 抱闸开关未调整到位; 3. 安全板的Si13端子损坏; 4. 接线异常	1. 故障复位,重新启动; 2. 检查抱闸开关动作是否灵活或损坏; 3. 调整抱闸开关至合理位置; 4. 检查Si13端子是否损坏或相关接线

续表

代码	故障名称	故障产生原因	故障排除
E155	抱闸2右臂未闭合	1. 抱闸开关损坏； 2. 抱闸开关未调整到位； 3. 安全板的Si16端子损坏； 4. 接线异常	1. 故障复位，重新启动； 2. 检查抱闸开关动作是否灵活或损坏； 3. 调整抱闸开关至合理位置； 4. 检查Si16端子是否损坏或相关接线
E156	抱闸2左臂未闭合	1. 抱闸开关损坏； 2. 抱闸开关未调整到位； 3. 安全板的Si15端子损坏； 4. 接线异常	1. 故障复位，重新启动； 2. 检查抱闸开关动作是否灵活或损坏； 3. 调整抱闸开关至合理位置； 4. 检查Si15端子是否损坏或相关接线

3. 由安全回路抽点检测板监控的安全开关故障

（1）扶梯上部安全装置故障（表7-3）

表7-3 扶梯上部安全装置故障

代码	故障名称	故障产生原因	故障排除
E201	上机房急停开关	1. 控制柜急停按钮被按下或者被损坏； 2. 控制柜急停按钮与XJ1插件端子的接线异常； 3. XJ1插件端子损坏	1. 故障复位，重新启动； 2. 检查控制柜急停按钮是否被按下，是否被损坏； 3. 检查控制柜急停按钮与XJ1插件端子的接线； 4. 检查XJ1插件端子是否损坏
E202	上部急停按钮	1. 上部急停按钮被按下或者被损坏； 2. 上部急停按钮与XJ2插件端子的连线异常； 3. XJ2插件端子损坏	1. 故障复位，重新启动； 2. 检查上部急停按钮是否被按下，是否被损坏； 3. 检查上部急停按钮与XJ2插件端子的接线； 4. 检查XJ2插件端子是否损坏
E203	上部急停按钮1	故障原因与控制柜急停类似	排除方法与控制柜急停类似
E204	上部急停按钮2	故障原因与控制柜急停类似	排除方法与控制柜急停类似
E205	中部停止按钮1	故障原因与控制柜急停类似	排除方法与控制柜急停类似
E206	中部停止按钮2	故障原因与控制柜急停类似	排除方法与控制柜急停类似

续表

代码	故障名称	故障产生原因	故障排除
E207	中部停止按钮3	故障原因与控制柜急停类似	排除方法与控制柜急停类似
E208	上左梳齿开关	1. 上左水平梳齿开关动作或者开关被损坏； 2. 上左水平梳齿开关与XJ3插件端子的接线异常； 3. XJ3插件端子损坏	1. 故障复位，重新启动； 2. 检查上左水平梳齿是否有异物卡住，开关是否损坏； 3. 检查上左水平梳齿开关与XJ3插件端子的接线； 4. 检查XJ3插件端子是否损坏
E209	上右梳齿开关	1. 上右水平梳齿开关动作或者开关被损坏； 2. 上右水平梳齿开关与XJ4插件端子的接线异常； 3. XJ4插件端子损坏	1. 故障复位，重新启动； 2. 检查上右水平梳齿是否有异物卡住，开关是否损坏； 3. 检查上右水平梳齿开关与XJ4插件端子的接线； 4. 检查XJ4插件端子是否损坏
E210	上左垂直梳齿开关	故障原因与水平梳齿开关类似	排除方法与水平梳齿开关类似
E211	上右垂直梳齿开关	故障原因与水平梳齿开关类似	排除方法与水平梳齿开关类似
E212	上左扶手入口开关	1. 上左扶手入口开关动作或者开关被损坏； 2. 上左扶手入口开关与XJ5插件端子的接线异常； 3. XJ5插件端子损坏	1. 故障复位，重新启动； 2. 检查上左扶手入口是否卡住，开关是否损坏； 3. 检查上左扶手入口开关动作与XJ5插件端子的接线； 4. 检查XJ5插件端子是否损坏
E213	上右扶手入口开关	1. 上右扶手入口开关动作或者开关被损坏； 2. 上右扶手入口开关与XJ6插件端子的接线异常； 3. XJ6插件端子损坏	1. 故障复位，重新启动； 2. 检查上右扶手入口是否有异物卡住，开关是否损坏； 3. 检查上右扶手入口开关与XJ6插件端子的接线； 4. 检查XJ6插件端子是否损坏
E214	上部梯级上跳开关	1. 上部防跳开关动作或者开关被损坏； 2. 上部防跳开关与XJ7插件端子的接线异常； 3. XJ7插件端子损坏	1. 故障复位，重新启动； 2. 检查踏板运动导轨是否上跳，开关是否损坏； 3. 检查上部防跳开关与XJ7插件端子的接线； 4. 检查XJ7插件端子是否损坏

续表

代码	故障名称	故障产生原因	故障排除
E216	附加制动器开关	1. 扶梯运行期间突然发生主机超速、非操纵性逆转时附加制动器开关动作或者开关被损坏; 2. 附加制动器电源故障; 3. 附加制动器开关与XJ12插件端子的接线异常; 4. XJ12插件端子损坏	1. 故障复位,重新启动; 2. 检查由安全板监控的故障,参考安全板监控的故障排查方法; 3. 检查附加制动器电源G3的输入/输出电压是否正常,与附加制动器的接线是否正确; 4. 检查开关与XJ12插件端子的接线; 5. 检查XJ12插件端子是否损坏
E219	上左围裙开关	1. 上左围裙由于外力碰撞变形导致开关动作或者开关被损坏; 2. 上左围裙开关与XJ10插件端子的接线异常; 3. XJ10插件端子损坏	1. 故障复位,重新启动; 2. 检查上左围裙板是否变形,开关是否损坏; 3. 检查上左围裙开关与XJ10插件端子的接线; 4. 检查XJ10插件端子是否损坏
E220	上右围裙开关	1. 上右围裙由于外力碰撞变形导致开关动作或者开关被损坏; 2. 上右围裙开关与XJ11插件端子的接线异常; 3. XJ11插件端子损坏	1. 故障复位,重新启动; 2. 检查上右围裙板是否变形,开关是否损坏; 3. 检查上右围裙开关与XJ11插件端子的接线; 4. 检查XJ11插件端子是否损坏
E221	中左围裙开关1	故障原因与上左围裙开关类似	排除方法与上左围裙开关类似
E222	中右围裙开关1	故障原因与上左围裙开关类似	排除方法与上左围裙开关类似
E223	中左围裙开关2	故障原因与上左围裙开关类似	排除方法与上左围裙开关类似
E224	中右围裙开关2	故障原因与上左围裙开关类似	排除方法与上左围裙开关类似
E227	上检修插座打开	1. 上检修插座人为被打开; 2. 上检修盖松动或接线异常	1. 确保上检修插座关闭稳妥; 2. 检查相关接线是否异常
E228	上检修手柄急停	1. 上检修手柄急停被按下; 2. 急停按钮粘连或接线异常	1. 检查上检修手柄急停是否被按下或急停按钮是否粘连; 2. 检查相关接线是否异常

续表

代码	故障名称	故障产生原因	故障排除
E230	上梯级/踏板下陷开关	1. 上部梯级或踏板发生下陷故障导致开关动作或者开关被损坏； 2. 上部下陷开关与XJ16插件端子的接线异常； 3. XJ16插件端子损坏	1. 故障复位，重新启动； 2. 检查上部梯级或踏板是否发生下陷，开关是否损坏； 3. 检查上部下陷开关与XJ16插件端子的接线； 4. 检查XJ16插件端子是否损坏
E231	上检修盖板打开	1. 上盖板打开导致开关动作或者开关被损坏； 2. 上盖板打开开关与XJ17插件端子的接线异常； 3. XJ17插件端子损坏	1. 故障复位，重新启动； 2. 检查上盖板是否打开，开关是否损坏； 3. 检查上盖板打开开关与XJ17插件端子的接线； 4. 检查XJ17插件端子是否损坏
E232	上部关联停止	1. 提升高度需要两台或两台以上梯组成分段控制，当其中一台发生故障时或者开关被损坏； 2. 上关联停止开关与XJ18插件端子的接线异常； 3. XJ18插件端子损坏	1. 故障复位，重新启动； 2. 检查分段控制时是否某个扶梯发生故障，开关是否损坏； 3. 检查上部关联停止开关与XJ18插件端子的接线； 4. 检查XJ18插件端子是否损坏
E233	安全回路失电	1. 安全回路电源断路故障； 2. XJ0插件端子的接线异常； 3. XJ0插件端子损坏	1. 故障复位，重新启动； 2. 检查XJ0插件端子的接线； 3. 检查XJ0插件端子是否损坏
E234	上消防停梯（AC110 V）	1. 上部发生火灾或者开关损坏； 2. 火警开关与XJ15插件端子的接线异常； 3. XJ15插件端子损坏	1. 故障复位，重新启动； 2. 检查扶梯上部是否失火，开关是否损坏； 3. 检查火警开关与XJ15插件端子的接线； 4. 检查XJ15插件端子是否损坏

（2）扶梯下部安全装置故障（表7-4）

表7-4 扶梯下部安全装置故障

代码	故障名称	故障产生原因	故障排除
E301	下机房急停开关	1. 控制柜急停按钮被按下或者被损坏； 2. 控制柜急停按钮与XJ1插件端子的接线异常； 3. XJ1插件端子损坏	1. 故障复位，重新启动； 2. 检查控制柜急停按钮是否被按下，是否被损坏； 3. 检查控制柜急停按钮与XJ1插件端子的接线； 4. 检查XJ1插件端子是否损坏

续表

代码	故障名称	故障产生原因	故障排除
E302	下部停止按钮	故障原因与控制柜急停类似	排除方法与控制柜急停类似
E303	下部急停开关1	故障原因与控制柜急停类似	排除方法与控制柜急停类似
E304	下部急停开关2	故障原因与控制柜急停类似	排除方法与控制柜急停类似
E305	中部停止按钮4	故障原因与控制柜急停类似	排除方法与控制柜急停类似
E306	中部停止按钮5	故障原因与控制柜急停类似	排除方法与控制柜急停类似
E307	中部停止按钮6	故障原因与控制柜急停类似	排除方法与控制柜急停类似
E308	下左梳齿开关	1. 下左水平梳齿开关动作或者开关被损坏； 2. 下左水平梳齿开关与XJ3插件端子的接线异常； 3. XJ3插件端子损坏	1. 故障复位，重新启动； 2. 检查下左水平梳齿是否有异物卡住，开关是否损坏； 3. 检查下左水平梳齿开关与XJ3插件端子的接线； 4. 检查XJ3插件端子是否损坏
E309	下右梳齿开关	1. 下右水平梳齿开关动作或者开关被损坏； 2. 下右水平梳齿开关与XJ4插件端子的接线异常； 3. XJ4插件端子损坏	1. 故障复位，重新启动； 2. 检查下右水平梳齿是否有异物卡住，开关是否损坏； 3. 检查下右水平梳齿开关与XJ4插件端子的接线； 4. 检查XJ4插件端子是否损坏
E310	下左垂直梳齿开关	故障原因与水平梳齿开关类似	排除方法与水平梳齿开关类似
E311	下右垂直梳齿开关	故障原因与水平梳齿开关类似	排除方法与水平梳齿开关类似
E312	下左扶手入口开关	1. 下左扶手入口开关动作或者开关被损坏； 2. 下左扶手入口开关与XJ5插件端子的接线异常； 3. XJ5插件端子损坏	1. 故障复位，重新启动； 2. 检查下左扶手入口是否有异物卡住，开关是否损坏； 3. 检查下左扶手入口开关动作与XJ5插件端子的接线； 4. 检查XJ5插件端子是否损坏

续表

代码	故障名称	故障产生原因	故障排除
E313	下右扶手入口开关	1. 下右扶手入口开关动作或者开关被损坏； 2. 下右扶手入口开关与 XJ6 插件端子的接线异常； 3. XJ6 插件端子损坏	1. 故障复位,重新启动； 2. 检查下右扶手入口是否有异物卡住,开关是否损坏； 3. 检查下右扶手入口开关与 XJ6 插件端子的接线； 4. 检查 XJ6 插件端子是否损坏
E314	下部梯级上跳开关	1. 下部防跳开关动作或者开关被损坏； 2. 下部防跳开关与 XJ7 插件端子的接线异常； 3. XJ7 插件端子损坏	1. 故障复位,重新启动； 2. 检查梯级运动是否发生上跳,开关是否损坏； 3. 检查下部防跳开关与 XJ7 插件端子的接线； 4. 检查 XJ7 插件端子是否损坏
E316	左梯级链	1. 下左曳引链断链,开关动作或者开关被损坏； 2. 下左曳引链断链开关与 XJ8 插件端子的接线异常； 3. XJ8 插件端子损坏	1. 故障复位,重新启动； 2. 检查下左曳引链是否断链,开关是否损坏； 3. 检查下左曳引链开关与 XJ8 插件端子的接线； 4. 检查 XJ8 插件端子是否损坏
E317	右梯级链	1. 下右曳引链断链,开关动作或者开关被损坏； 2. 下右曳引链断链开关与 XJ9 插件端子的接线异常； 3. XJ9 插件端子损坏	1. 故障复位,重新启动； 2. 检查下右曳引链是否断链,开关是否损坏； 3. 检查下右曳引链开关与 XJ9 插件端子的接线； 4. 检查 XJ9 插件端子是否损坏
E319	下左围裙开关	1. 下左围裙板由于外力碰撞变形导致开关动作或者开关被损坏； 2. 下左围裙开关与 XJ10 插件端子的接线异常； 3. XJ10 插件端子损坏	1. 故障复位,重新启动； 2. 检查下左围裙板是否变形,开关是否损坏； 3. 检查下左围裙开关与 XJ10 插件端子的接线； 4. 检查 XJ10 插件端子是否损坏
E320	下右围裙开关	1. 下右围裙板由于外力碰撞变形导致开关动作或者开关被损坏； 2. 下右围裙开关与 XJ11 插件端子的接线异常； 3. XJ11 插件端子损坏	1. 故障复位,重新启动； 2. 检查下右围裙板是否变形,开关是否损坏； 3. 检查下右围裙开关与 XJ11 插件端子的接线； 4. 检查 XJ11 插件端子是否损坏

第7章　自动扶梯、自动人行道电气故障的诊断与维修

续表

代码	故障名称	故障产生原因	故障排除
E321	中左围裙开关3	故障原因与上左围裙开关类似	排除方法与上左围裙开关类似
E322	中右围裙开关3	故障原因与上左围裙开关类似	排除方法与上左围裙开关类似
E323	中左围裙开关4	故障原因与上左围裙开关类似	排除方法与上左围裙开关类似
E324	中右围裙开关4	故障原因与上左围裙开关类似	排除方法与上左围裙开关类似
E325	下左扶手断带	1. 左边扶手带在下部附近发生断带故障导致开关动作或者开关被损坏； 2. 下左扶手开关与XJ12插件端子的接线异常； 3. XJ12插件端子损坏	1. 故障复位,重新启动； 2. 检查左边扶手带在下部附近是否发生断带,开关是否损坏； 3. 检查下左扶手带开关与XJ12插件端子的接线； 4. 检查XJ12插件端子是否损坏
E326	下右扶手断带	1. 右边扶手带在下部附近发生断带故障导致开关动作或者开关被损坏； 2. 下右扶手开关与XJ13插件端子的接线异常； 3. XJ13插件端子损坏	1. 故障复位,重新启动； 2. 检查右边扶手带在下部附近是否发生断带,开关是否损坏； 3. 检查下右扶手断带开关与XJ13插件端子的接线； 4. 检查XJ13插件端子是否损坏
E327	下检修插座打开	1. 下检修插座人为被打开； 2. 下检修盖松动或接线异常	1. 确保下检修插座关闭稳妥； 2. 检查相关接线是否异常
E328	下检修手柄急停	1. 下检修手柄急停被按下； 2. 急停按钮粘连或接线异常	1. 检查下检修手柄急停是否被按下,急停按钮是否粘连； 2. 检查相关接线是否异常
E330	下梯级/踏板下陷开关	1. 下梯级/踏板发生下陷故障导致开关动作或者开关被损坏； 2. 下部下陷开关与XJ16插件端子的接线异常； 3. XJ16插件端子损坏	1. 故障复位,重新启动； 2. 检查下部梯级或踏板是否发生下陷,开关是否损坏； 3. 检查下部下陷开关与XJ16插件端子的接线； 4. 检查XJ16插件端子是否损坏

续表

代码	故障名称	故障产生原因	故障排除
E331	下检修盖板打开	1. 下盖板打开导致开关动作或者开关被损坏； 2. 下盖板打开与XJ17插件端子的接线异常； 3. XJ17插件端子损坏	1. 故障复位，重新启动； 2. 检查下盖板是否打开，开关是否损坏； 3. 检查下盖板打开开关与XJ17插件端子的接线； 4. 检查XJ17插件端子是否损坏
E332	下部关联停止	1. 提升高度需要两台或两台以上梯组成分段控制，当其中一台发生故障时或者开关被损坏； 2. 下部关联停止开关与XJ18插件端子的接线异常； 3. XJ18插件端子损坏	1. 故障复位，重新启动； 2. 检查分段控制时是否某个扶梯发生故障，开关是否损坏； 3. 检查下部关联停止开关与XJ18插件端子的接线； 4. 检查XJ18插件端子是否损坏
E333	上-下安全回路连线断开	1. 安全回路电源短路故障； 2. XJ0插件端子接线异常； 3. XJ0插件端子损坏； 4. A4板与A3板的连接异常	1. 故障复位，重新启动； 2. 检查XJ0插件端子的接线； 3. 检查XJ0插件端子是否损坏； 4. 检查A4板与A3板的接线是否正确
E334	下消防停梯（AC110 V）	1. 下部发生火灾或者开关被损坏； 2. 火警开关与XJ15插件端子的接线异常； 3. XJ15插件端子损坏	1. 故障复位，重新启动； 2. 检查扶梯下部是否失火，开关是否损坏； 3. 检查火警开关与XJ15插件端子的接线； 4. 检查XJ15插件端子是否损坏

7.3 自动扶梯、自动人行道控制系统故障诊断与预防建议

　　如何安全使用、管理、维护自动扶梯、自动人行道，使其保持良好的运行状态，已经成为人们非常关注的问题。自动扶梯、自动人行道与其他机电设备一样，如果使用得当，由专人负责管理和定期维护，出现故障能及时维修，并彻底排除故障，不仅能减少停机维修时间，还能够延长使用寿命，确保自动扶梯、自动人行道安全平稳运行，提高使用效果。相反，如果使用不当，又无专人负责管理和维护，不但不能发挥其正常的作用，还会降低它的使用寿命，甚至出现事故，造成严重后果。

　　实践证明，一部自动扶梯、自动人行道运行效果的好坏，取决于它的制造质量、安装质量和日常管理及维护质量三个方面。自动扶梯、自动人行道安装调试完成并经当地政

第7章　自动扶梯、自动人行道电气故障的诊断与维修

府部门验收合格,交付用户使用后能否取得满意的运行效果,关键就在于对它的管理、安全使用、日常维护和修理等工作是如何开展落实的。

思考题

1. 自动扶梯、自动人行道常见的电气故障有哪些?
2. 若某一块梯级或踏板损坏,可能造成什么样的后果?
3. 若运行时扶梯发生意外逆转,可能是什么原因导致的,应该怎样排除故障?

第8章
基于互联网的电梯远程故障诊断系统

随着我国城市化进程的加快,居民生活小区如雨后春笋般拔地而起,小区智能化管理也应运而生。一个或几个小区形成了某一物业管理部门的管理群体,被其管理的电梯运行状况是否正常,电梯故障报警是否及时,乘客在轿厢内是否安全,能否及时与乘客取得联系等都应快速准确地由管理人员掌握。辖区内电梯的故障率、停梯时间、停梯原因、恢复运行时间等也是考察电梯管理现状的一些重要资料。电梯出现故障时,其故障现象、故障范围,是电梯维修人员非常关心的一项内容。所以,小区的物业管理中电梯的维修保养和突发事故处理的及时、准确,都对物业管理部门提出了更高的要求。由于电梯数量多、种类多、分布范围广,所以电梯远距离监控被提上议事日程,电梯远距离检测也是小区智能化管理的一项重要内容。

电梯运行的安全性、可靠性是很多人普遍关心的问题,近年来因使用电梯发生了多起人身伤亡事故,引起了社会的密切关注。但从技术角度而言这些电梯事故是可以避免的,关键是如何运用有效的技术手段使电梯主管部门及时准确地了解所辖电梯的运行工作情况,对那些工作质量差、技术水平低、责任心不强的维保单位采取相应的管理措施,这一直都是从事电梯管理工作人员所关心的问题。

电梯远程监测技术是随着计算机控制技术和网络通信技术的发展而产生的一种对运行电梯进行中央化集中遥控监测的新型技术,是当前电梯管理的前沿技术。它能 24 h 不间断地对网络中的电梯进行监视,实时地分析并记录电梯的运行状况,根据故障记录自动统计电梯故障率,通过它可对电梯状况和修理单位的工作质量实行有效的监督,并为年审考核提供可靠依据。

电梯远距离检测在某些国家已有应用,简称遥监。常见的情况是电梯厂家将本厂生产的电梯利用现代通信手段将检测室计算机与电梯内部联网,随时检查、检测电梯运行状态和故障信号。遥监的对象是本厂生产的某几个品牌的电梯;遥监的信号范围也仅是电梯运行状态和故障信号,传递的也仅仅是数据,局限性较大,远远满足不了业主的要求。随着计算机联机上网的普及,全方位遥监已成为可能。实现全方位遥监一般有两种方案:一种是由分站到总站逐级递进的方案,另一种是放射性方案。

电梯远程监测技术应用于电梯管理是电梯发展历程中的必然产物。因为系统的建立也必然会产生相应庞大的网络,电梯远程监测网络将成为人类生活保障体系中必不可少的网络之一。利用电梯监控系统,不仅可以在监测中心内接收到现场随时发回的电梯故障报警信息,还可通过计算机的检测界面很直观地观察到每台电梯的运行情况,预测电梯故障隐患,给电梯安全运行提供保障,给电梯管理者带来极大的方便,而且能提高工作效率。利用电梯远程监测系统网络,电梯的管理将开辟一个新的纪元。

8.1 电梯监控系统

1. 电梯监控系统说明

电梯监控系统被设计成适用于楼宇自动化系统 BAS(Building Automation System),允许 BAS 监控和控制电梯的运行。目前,通常采用串行通信,通过 RS-422A 接口实现电梯控制系统与服务器相连。一般电梯监控系统虽然不同于电梯远程监控系统,但是它和远程监控系统有许多相同的优缺点。电梯远程监控系统是在电梯控制系统和服务器上分别安装数/模变换器,然后通过互联网进行数据传输。服务器通常安装在电梯厂家总部或分支机构内,由电梯专业人员进行 24 h 的监控,可见其技术与 IT 业相关,因此发展很快。

2. 电梯监控系统结构

电梯监控系统连接图如图 8-1 所示,图中的主要部分是电梯监控盘 LSP(Lift Supervisory Panel),LSP 中虚线部分为可选功能。LSP 上部 LIFT1 这一列的信号和控制开关对应着 LIFT1 信号采集和控制模块,8 台电梯就有 8 个这样的模块。目前 LSP 是使用最多的监控系统,虽然它的样式不同,设计思想也不一样,但是它使用串行通信技术和模块化设计,即 1 个模块控制 1 台电梯或 1 个功能模块,其特点如下:

① 串行通信技术可以省略大量连接线。

② 串行通信技术可充分利用电梯控制系统本身特有的性能参数,一般电梯有 3 000~4 000 个 I/O 参数,大多可通过串行通信输入或输出。

③ 模块化设计简单,适应性和扩展性较强,有利于维修保养。

LSP 按如图 8-2 所示的方式布置,其下部从左到右分别是对讲机模块、监视器模块、报警模块和自检模块。它们是信号采集和控制模块的补充,使 LSP 从视觉到声觉都得到了全面提升,功能更加全面。

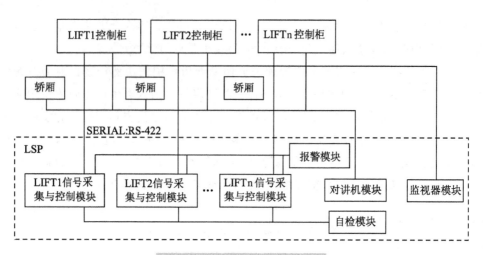

图 8-1 电梯监控系统连接图

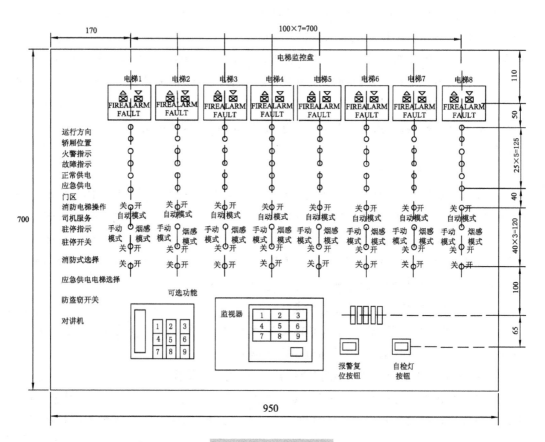

图 8-2 LSP 布置图

3. 监控盘功能

由于监控盘对于控制信号和监视信号的选择比较困难,所以要对监控盘规范化,以便于操作者使用。即把监控信号分为必选功能和可选功能,详细内容见表 8-1。

表 8-1 监控盘的必选功能和可选功能

功能	序号	功能名称	内容
必选功能	1	运行方向	指示出轿厢正在运行的方向,同时它将一直点亮,直到电梯完成所有现存的呼叫任务
	2	轿厢位置	即显示轿厢所在的层数
	3	火警指示	当电梯进入消防状态时,火警指示灯亮
	4	故障指示	当电梯的安全回路以外断开、电梯运行程序死机和故障代码溢出等时,故障指示灯亮
	5	驻停指示	当电梯进入 OUT OF SERVICE 状态,即通常所说的锁梯状态时,驻停指示灯亮
可选功能	1	正常供电与应急供电	当电梯选择应急供电功能时,它们分别显示电梯供电系统的状态
	2	独立服务	当电梯进入独立服务状态时,即不再响应群控呼叫,而只响应本梯的轿内呼叫时,该梯的独立服务指示灯亮
	3	司机服务	当电梯从自动控制状态进入司机操作,即进入手动操作状态时,司机服务指示灯亮
	4	门区	当轿厢进入门区(平层区)时,门区指示灯亮,直到轿厢离开门区。当轿厢通过门区时,该指示灯将一闪而灭
	5	驻停开关	当驻停开关拨到 ON 状态时,轿厢回到基站,然后轿厢维持停在基站,直至驻停开关拨到 OFF 状态,电梯才恢复正常
	6	消防模式选择	分为三种状态:当处在手动模式时,若要进入消防状态,需要手动完成;当处在自动模式时,若要进入消防状态,由烟雾探测器动作完成;当处在烟感测试模式时,检测人员可以对烟雾探测器进行测试,而电梯不会进入消防状态
	7	应急供电电梯选择	在应急供电电梯状态下,所有电梯都依次回到基站后,将一台或多台电梯的应急供电电梯开关拨到 ON 状态,该电梯将恢复正常运行,其他电梯将停在基站不动
	8	防盗窃开关	分为三种状态:当处在 OFF 状态时,电梯正常运行;当开关拨到 ON 状态时,电梯将关门运行到预定楼层,平层后不开门,然后保持这种状态;当开关拨到 DOOR OPEN 状态时,门打开,轿厢仍然停在该层不动,即不接受任何呼叫,直到该开关恢复到 OFF 状态,电梯才恢复正常

8.2 电梯远程监控系统

电梯远程监控系统根据计算机技术、互联网技术、视频图像和听觉压缩技术,对电梯群控系统进行监控,对电梯发生的故障可自动报警,传输监控数据,自动记录故障数据。通过一条点划线传输现场轿厢场景图像、音频数据,与被困乘客取得联系并加以安抚。

1. 远程监控系统的构成

(1) 系统的构成

① 硬件组成:计算机系统、数据采集器、隔离抗干扰接口电路、调制解调器、打印机和电话机。

② 软件组成:系统组态软件、数据库(电梯档案数据库和电梯故障数据库)、电梯故障诊断专家系统、远程网络通信系统软件和电梯控制数据采集处理程序。

在大多数情况下,系统的构成由各电梯公司自行开发的"现场信息采集发送器"、本地终端计算机(或称现场监视计算机)、电话线及其附件(Modem 转换器、打印机等)和远端主控计算机等组成。其基本结构如图8-3所示。

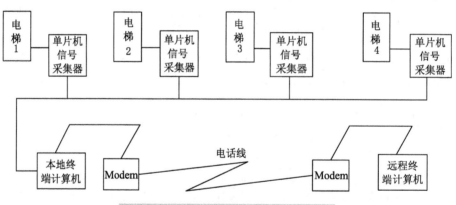

图 8-3 电梯远程监控系统结构示意图

从图中可知监控系统的关键是如何采集电梯运行过程中的各种故障信号,然后通过信号传输(当然应是"串行"通信)经(或不经)监视计算机、公共电话网、Modem 传送至远端中央监控计算机进行分析处理,发出及时而准确的处置命令。

(2) 电梯故障信号的采集

信号采集器可以认为是一个微机串行传送器,负责采集受监控电梯设备的运行信号、层楼信号、安全回路信号等。这些信号经光电耦合隔离与抗干扰处理(或经多级"施密特"触发器)后,送入信号采集器的单片机,将这些信号排队处理后与监控终端计算机进行串行通信。在整个系统中每台电梯设置一套信号采集器,每台电梯的信号采集器都挂在同一根串行通信线上,这根串行通信线就相当于系统的总线。电梯故障信号采集点的多寡与所选用的单片机逐级 CPU 型号有关。由于所选用型号不同,各电梯公司的远程监控系统所能采集的电梯信号差别也很大,但无论如何要确保采集的信号不能影响原有电梯控制系统的正常工作,故信号采集均采用并联引出法。

(3) 远程监测中的电梯故障诊断系统

远程监测系统的工作主要有运行状态监测、工作及维护维修数据库管理、技术指标测定记录和故障报警。而电梯故障诊断系统软件是电梯远程监测系统的核心,是电梯故障判断、智能化报警程序的重要组成部分。

电梯远程检测技术是电梯行业发展到今天应运而生的新技术,是电梯行业与电子通信网络以及计算机技术进一步融合的产物,它使先进的计算机和电信技术得到充分利用,是一种全新的电梯管理模式。建立以电梯管理中心为核心的电梯远程监测管理网络,定会改变以往电梯管理的旧模式,保证电梯的正常使用和维修保养,确保电梯安全运行,减少故障率,杜绝恶性事故,并可以延长电梯的使用年限。通过电梯中心的集中管理,也可以使电梯行业现行的标准、法规、制度得到更有力度的贯彻执行,必将全面改善当前电梯管理的现状。随着网络技术的进一步发展,电梯的远程监控系统将更加完善,服务也将更加周到。

2. 电梯远程监控系统的主要功能

(1) 故障自动发报

包括因故障停止运行的开始发报,自动侦测整个电梯电气系统运行是否正常。在平常使用中对不易察觉的故障也能自动报告监控中心,如对层站呼叫按钮的间断性卡阻、门开关瞬间开路等。这些故障在日常检查中难以发现,通过远程监控系统可以在第一时间内就知道故障所在,让维修人员进行针对性的维修。

(2) 关门故障时自动播放安抚语音

通常,关门故障是很少出现的,一旦出现,电梯远程监控系统采用的第一个步骤就是自动播放安抚语音,有效缓解被困人员的焦躁心情,使被困人员平静地度过脱困前的等待时间。

(3) 双方直接通话

发生关门故障时仅自动播放安抚语音对被困人员还是不够的,远程监控系统的双方直接通话功能正是考虑到这种情况而特别设计的。电梯监控中心的值班人员可以直接与被困人员通话,甚至可以通过监控中心联系到任何地点。

(4) 异常征兆预警侦测

对传统技术做了革命性的变革:不是在发生故障后进行处理,而是在发生故障前对在用电梯的运行状况进行扫描检测。只要发生故障的某些征兆一出现,就被检测出来,维修人员根据检测情况及时处理,把可能发生的故障消灭在萌芽状态,从而使电梯一直处于"零故障"运行状态。

(5)维保人员动态管理

电梯远程监控系统可以对维保人员的勤务作业进行有效监控,增加了对维保人员管理的可操作性。使维保人员严格按照预定的计划行事,到达维保现场,并严格按照保养作业基准操作。

(6)情报分析和维修技术支援

监控中心的技术人员根据监控系统反馈的电梯运行状态信息,分析电梯的故障特性,及时对现场维修人员提供技术支持,缩短电梯疑难故障的诊断和维修时间。

3. 电梯远程监控系统结构和技术参数

(1)电梯远程监控系统结构

电梯远程监控系统只占用由业主提供的一条点划线到电梯机房,对点划线的占用可分为三种情形:

① 用直线电话,不用分机线,这是因为电话分机线受电话总机控制,确保监控的可靠性。

② 电话线直接辐射到电梯控制屏上。

③ 同一机房内1路直线电话最多可监控4台电梯。采用分机形式,即1路分机线只能监控1台电梯。

电梯远程监控系统对占用点划线的使用情形可分为五种:

① 电梯监控中心主动查询电梯使用情况。

② 远程监控系统对电梯进行故障前兆的自动扫描检测。

③ 电梯故障发报。

④ 受困乘客可与外界通话。

⑤ 保养人员作业信号播报。

上述的前两种电话使用由电梯监控中心付电话费,后三种电话费由客户支付。电梯远程监控系统控制过程如图8-4所示。

(2)技术参数

① 视频。4路PAL制式彩色/黑白视频信号输入;分辨率:$352\times288/320\times240/176\times144$;传输速率:PSTN2～5/10帧/秒;单向视频、双向音频可同时传输。

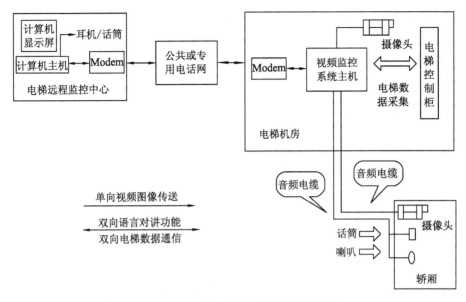

图 8-4 电梯远程监控系统控制过程

② 音频。音频($1\ V_{P-P}$)可直接接拨集体话筒；音频输出($1.5\ V_{P-P}/500\ mV$)，可直接驱动扬声器。

4. 利用 GPRS 技术的电梯远程监控系统

(1) 利用 GPRS 技术的电梯远程监控系统的工作原理

GPRS(General Packet Radio Service)技术是通用分组无线业务技术。电梯远程监控系统通过 GPRS 网络技术，将电梯的运行参数或故障类型等信息实时、自动地以数据、图像或文字的形式传输到监控中心的计算机内，以便通知和及时处理电梯出现的故障或监控电梯运行的情况，对存在的隐患和故障进行先期的维护和保养，确保电梯的正常使用。

GPRS 电梯远程监控系统主要分为两大部分：计算机管理/监控系统和前端机数据采集/数据传输系统。前端机数据采集/数据传输系统主要完成对电梯的运行参数的采集和数据的传输。计算机管理/监控系统主要完成对前端机传来的信息的处理和对所属电梯的各类档案的管理。

GPRS 电梯远程监控系统使用安装于电梯控制柜的信息采集系统以及安装于电梯各主要部件上的传感器，通过 A/D 变换获取故障信号的交换手段，将电梯运行信号、故障信号，以及重要部件的工作参数，采集到信息采集/处理器内。信息在信息采集/处理器内进行识别和处理后，通过数据通信接口将数据传输到前端机的主控系统。主控系统再通过 GPRS 无线网络将该信息传输到维护中心网络上。维护中心计算机可以随时调用和查看电梯的运行情况。对采集到的电梯的故障信息，主控系统能够通过 GPRS 的短信方式直接发到中心或指定手机内,让维护人员前去查看和检修。

GPRS 电梯远程监控系统的主要组成部分(图 8-5)包括:

① 监控中心计算机管理/监控系统。

② 前端机信息采集/处理系统。

③ 前端机主控系统。

④ 远程通信模块。

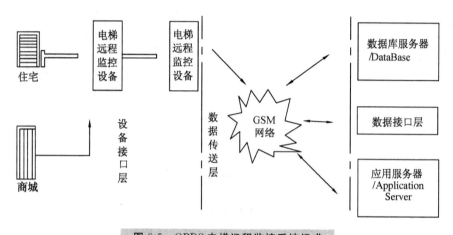

图 8-5　GPRS 电梯远程监控系统组成

下面以监控中心计算机管理/监控系统和前端机信息采集/处理系统为例进行说明。

(2) 监控中心计算机管理/监控系统

① 系统组成及功能。

监控中心计算机管理/监控系统网络设备包括:

a. 计算机局域网;

b. 系统网络服务器;

c. 系统计算机;

d. 网络打印机;

e. 网络扫描仪;

f. 计算机语音通信设备;

g. 网络数据备份设备。

其组成框图如图 8-6 所示。

第8章 基于互联网的电梯远程故障诊断系统

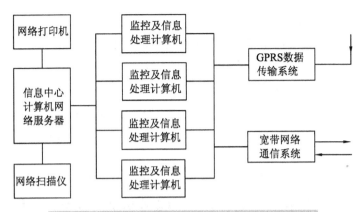

图 8-6 监控中心计算机管理/监控网络组成框图

监控中心计算机管理/监控系统的功能是：提高管理部门对电梯质量和维保的监察力度，为电梯的可靠运行和及时维护提供信息和技术支持。其具体功能是：管理和协调各电梯用户的维护中心，并将数据进行分类、统计、备份和存储；调用和查询电梯的运行情况、安装记录、所在单位情况、系统运行环境、所属安装公司以及维保公司等具体信息；实时调用电梯的使用说明、技术参数、维修指南、用户手册、厂家技术支持、历史维护记录及故障分析。

② 计算机管理/监控系统软件。

系统的计算机软件模块主要有：

a. 数据收发模块。主要完成从 GPRS 网络发来的数据的接收和发送工作。模块可以在 Windows 系统下运行，充分利用 Windows 的多任务机制，可以实时地捕捉各种计算机外部设备发来的数据，并将其写入后台的数据库系统中。

b. 协议转换模块。主要完成数据格式的解包和打包工作。系统的协议数据包括 IP 网的 IP 数据包和 GSM 的短信数据等。针对这些数据进行数据格式的解包和打包工作。

c. 数据初始化模块。完成系统中各类数据的初始化工作，包括电梯的各种生产资料，进行整理，形成有用的资料给使用者。

d. 数据查询模块。即用户主要使用的模块，是将数据库的各种数据按照使用者的需要进行整理，形成有用的资料给使用者。

e. 电梯运行数据分析模块。在电梯发生故障时使系统知道，并通知相关维护人员。通过数据的统计分析提前查找可能的问题隐患。可以辅助相关的维护人员、技术人员来了解电梯的运行情况。

f. 故障通知/现场监控模块。通过视频系统或语音提示系统实时观察故障电梯内的情况，和受困乘客直接进行对话。借助电话、短信的方式通知维修人员去现场维修。

g. Internet/Intranet 模块。将相关的数据转发到万维网服务器上，让不同地域的人可以查找到其所关心的数据。

系统开发平台采用如下三层架构：

a. 数据层。完成数据的采集和底层协议的转换工作。

b. 中间层。实现用户对于数据库的访问、查询和管理工作。

c. 客户层。完成用户界面和功能的工作。

对于这种架构，选用 SQL Server 数据库作为服务器，可以很好地与 Windows 操作系统结合，灵活地进行分发，具有很低的维护强度和合适的开发性价比，并能实现对万维网的各种服务。

该平台在对底层应用的开发以及和数据库的结合上拥有强大的实现能力。数据接口部分和应用部分都采用 Delphi 编写。数据库引擎采用 Microsoft 的 ADO，是和 SQL Server 结合最好的数据引擎，能够很好地实现三层构架的服务。

采用的操作系统及数据库主要包括：操作系统 Windows NT Server，数据库 SQL Server for Windows NT Server，电梯运行信息数据库，电梯维护记录数据库，电梯安装记录数据库，电梯使用、维修手册数据库，电梯故障信息数据库，电梯历史维护数据库。

(3) 前端机信息采集/处理系统

前端机信息采集系统由如下部分组成：数据信息采集接口、控制柜信息采集接口、与主控系统数据通信接口、模/数变换系统、电源滤波系统、信号隔离系统、主控系统、传感器信息采集接口、电源检测系统、USB 接入系统、TTL 电平接入系统、RS-232 电路接入系统、多系统接入控制模块。

前端机信息采集系统组成框图如图 8-7 所示。

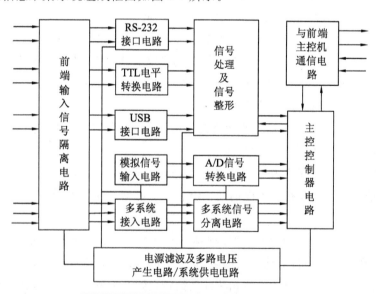

图 8-7 前端机信息采集系统组成框图

前端机信息采集系统技术指标如下：

a. 输入电压:120 V(DC);

b. 信号输入电平:3～48 V(DC);

c. 与主控机通信速率:19.2 kb/s;

d. 温度:20 ℃～75 ℃;

e. 相对湿度:45%～75%;

f. 大气压力:86～106 kPa;

g. 系统功耗:小于100 mA;

h. 系统通信采用484通信口。

前端机信息采集系统采用模块化处理设计,备有多种通信接口,适用于不同型号的电梯。又采用软件在线编程方式,能够对不同型号的电梯、不同的信号和信息内容进行相应的软件编程。中心控制采用微处理器,具备12位A/D信号的干扰。传输来的信号通过隔离电路进入信号处理电路,进行信号整形和信号分离,然后进入信息控制/处理系统,使主控系统进行信号分析和数据处理,再将信息传输到主控系统。前端采集电路采用多种信号、电梯控制柜和主要部件传感器进行信号采集。接口电路采用模块化设计,自动适应不同配置的接口信号；系统具有A/D信号转换接口,能将传感器传输过来的模拟信号自动转换为处理器能够识别的数字信号；接口电路采用光电隔离或双刀双掷继电器,与接入系统进行完全隔离。信息采集系统具备多种信号方式的接入功能,如电源滤波电路能消除电源纹波对系统的影响。

5. 电梯远程监控及故障诊断的应用举例

随着信息技术的快速发展,各种新的相关信息技术在电梯中的应用也越来越多,电梯也正朝着网络化、信息化方向发展。作为电梯安全管理员,也应该了解、学习、实践已在电梯产品及电梯物业管理中应用的新的信息技术、自动控制技术、传感技术等。下面介绍一些这方面的应用情况,借以帮助电梯安全管理员逐步建立起本单位电梯信息化管理系统。

电梯监控系统包括本地监控系统和远程监视系统。

SMOS-Ⅱ系统是上海三菱电梯有限公司自主开发的本地监控系统,如图8-8所示。

该系统可以对分散在大楼内或小区内的本公司电梯产品实现集中监控,实时了解电梯运行情况,并能控制电梯的部分运行模式。该系统通过电梯信号采集板,实现与电梯的数据交换,然后通过LonWorks网络,与客户端监控室的计算机相连。如果选配远程功能,再由客户端监控室的计算机通过拨号方式将电梯数据传输至远程监视中心。SMOS-Ⅱ系统可以实现以下功能：

① 电梯运行状态监视。在本地监控中心可以对电梯的运行情况进行实时监视,包括

电梯的运行方向、轿厢所在的层楼位置、登记的轿内指令和层站召唤指令以及电梯的载重、速度、开关门状态等信息。这些信息不仅能够以文字形式显示,而且可以以动画形式显示。

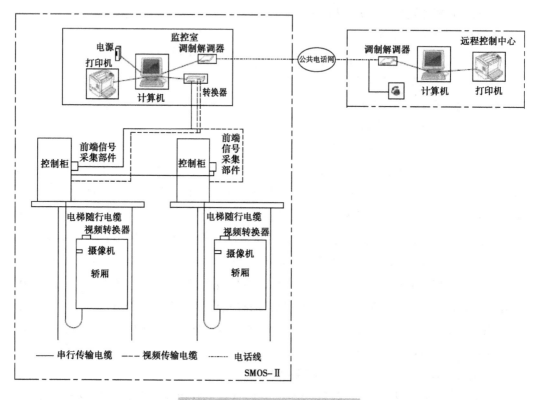

图 8-8　本地监控系统 SMOS-Ⅱ

② 电梯的控制功能。出于安全考虑,一般不提供对电梯的远程控制功能。而 SMOS-Ⅱ系统为了用户使用方便,在不影响电梯安全运行的条件下,允许用户在本地监控中心对电梯实现部分控制功能。这些功能包括:非服务层切换、远程控制停梯、主层站切换、贵宾服务运行和节能运行,上述功能除节能运行外还可实现定时控制。

③ 电梯故障监视。当电梯发生故障时,安装在电梯机房的信号采集装置能够立即采集到电梯发生故障的内部信号,然后通过 LonWorks 总线将故障信号传送到本地监控中心。SMOS-Ⅱ系统采集的故障种类非常丰富,根据这些故障信息,可以非常容易确定电梯发生故障的原因。

④ 交通流量分析。SMOS-Ⅱ系统通过采集到的轿厢登记指令信号和层站召唤信号可进行交通流量分析,分析结果一方面可以指导保养人员制订保养计划,另一方面可以供有需要的客户合理配置电梯资源,最大限度地提高电梯的运行效率。

⑤ 摄像监视功能。摄像监视功能是通过在电梯轿厢内安装的摄像机将视频信号传输到本地监控中心,利用硬盘录像技术将视频信息存储到硬盘中,从而实现图像画面的实时监视、录像以及回放等功能。如果需要,还可以实现视频信号的远程传输,将图像信息传送到远程监视中心,以便于紧急情况下的求援指导。

若当用户在选择 SMOS-Ⅱ系统的同时也配置了远程监视功能,则所有故障信息将通过公共电话网自动传送到远程监视中心,由 REMES 系统进行实时远程监视和急修服务。

MUG 系统是日立电梯(中国)有限公司开发的远程监视维修保养系统。

该系统是一个根据电梯运行情况、使用环境、部件调整周期、客户特别要求而自动给定电梯保养作业形式的动态控制系统,是一个借助于高速运转的信息平台,不断融入最先进的日立电梯技术,且能持续改进、不断升级的高智能化科学管理系统。MUG 通过互联网实现全国用户电梯的统一管理,如图 8-9 所示。

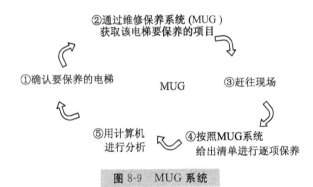

图 8-9　MUG 系统

MUG 系统在保养过程中的运用,其优势明显。它可实现以下功能:

① 通过使用远程监控器对电梯 57 个主要参数自动检测和记录分析电梯运行时的启动频繁度、运行中各监控点的稳定程度,结合电梯使用环境和客户的实际需求给定合适的电梯保养作业方式。

② 通过对电梯所发生的故障进行故障成因、状态、分类、零部件等一系列分析统计,自动分析总结出故障的多发点,及时采取相应的措施,大大提升产品质量。同时借助于远程监控智能系统对电梯进行每天 24 h 的运行状况监控,并通过对监控数据的统计分析,预测电梯可能出现的故障,提前预防处理,确保电梯的正常运行。

③ 作业人员运用 MUG 系统,可将作业项目精细化,同时划定各级人员的工作项目里面每项内容和作业时间都是通过对电梯运行时间多角度的测算而生成的,让保养人员可以定时、定梯、定项开展对客户电梯的保养。保养人员对自己的工作职责清晰明确,对电梯的管理也能有很大的促进和提高。

④ MUG 系统将人员技能提高、先进工艺和先进设备工具的采用、专家诊断等设定

为系统的必备要素,达到管理更加完善、电梯故障率更低、维护停梯时间更短、安全使用性能更高、客户更加满意的使用状况。

思考题

1. 电梯远程监控系统由什么构成？
2. 电梯远程监控系统是怎样工作的？
3. 电梯远程监控系统有哪些主要功能？

第9章 故障案例诊断与分析

9.1 一起电梯剪切挤压事故的分析

2010年,某地电梯安装工地1台正在安装施工过程中的电梯发生剪切挤压事故,导致1名安装人员死亡。

9.1.1 发生事故电梯的基本信息

曳引式客梯,额定载重量为1 000 kg,额定速度为1 m/s,电梯尚未安装完毕,安装单位尚未向特种设备检验检测机构申请监督检验。

电梯整机还处在安装过程中,具体为:

① 机房未安装正式的门和窗,机房内放置有施工工具及相关物品;电梯主电源为临时电源,电线电缆未安装进线槽或线管;控制柜部分接线端留空。

② 井道内上下限位、极限等电气安全开关未安装,缓冲器未安装,对重侧护栏未安装。

③ 轿厢内放置有施工工具及相关物品。

④ 轿顶放置有施工工具及相关物品,散落灰尘细沙。

⑤ 各层门外呼按钮未安装,层门门锁未接线。

9.1.2 事故基本情况

检验人员到达现场时,电梯安装单位的人员已经到机房断开电梯总电源,"119"消防人员已经把被电梯剪切挤压人员救出。据电梯安装单位的人员和救援人员描述,被救出的人员当时已经死亡,救援时并未对电梯轿厢进行上下操作,电梯轿厢保持在原来的位置。详细情况如下:

① 电梯轿厢位于顶层端站。
② 冲顶距离(轿厢地坎距离层门地坎)为 1.03 m。
③ 轿门被挤压向里凹陷变形。
④ 经人工盘车把轿厢下降后进一步勘查测量,轿顶靠层门侧角铁血迹处离电梯层门右边距离为 30 cm,门楣铁皮挡板挤压变形处离层门右边距离为 30 cm,层门锁钩向上翘起变形。
⑤ 此时检修装置处在失电状态。

9.1.3 现场调查情况

1. 通电前勘查

(1) 轿顶检修运行控制装置勘查

① 在保持事故原始状态下,检测事故电梯轿顶检修运行控制装置的导通情况,检查结果(静态)见表 9-1。

表 9-1 轿顶检修运行控制装置静态检测结果

开关名称	端子标记	操作方式	结 果
检修开关	10~com	不操作	不导通,处于检修状态
紧急停止开关	132~133	不操作	导通,处于不动作状态
上行开关	80~com	不操作	导通,处于上行状态
下行开关	82~com	不操作	不导通,处于不动作状态
照明开关	601~602	不操作	导通,处于照明状态

② 接着操作事故电梯轿顶检修装置各开关,检测结果(动态)见表 9-2。需要特别说明的是,在操作上行开关时,由于该开关凹陷,未弹起复位,经清除灰尘细沙后恢复正常,才能按压操作。

表 9-2 轿顶检修运行控制装置动态检测结果

开关名称	端子标记	操作方式	结 果
检修开关	10~com	旋转	工作正常
紧急停止开关	132~133	按压	工作正常
上行开关	80~com	按压	工作正常
下行开关	82~com	按压	工作正常
照明开关	601~602	旋转	工作正常

③ 检验员对旁边一台相同制造单位和相同规格型号的电梯(以下简称"参照电梯")的轿顶检修装置进行同样的检测,以获取比对和参考数据。"参照电梯"轿顶检修装置检测结果(动态)见表 9-3。

表 9-3 "参照电梯"轿顶检修运行控制装置动态检测结果

开关名称	端子标记	操作方式	结　果
检修开关	10～com	旋转	工作正常
紧急停止开关	132～133	按压	工作正常
上行开关	80～com	按压	工作正常
下行开关	82～com	按压	工作正常
照明开关	601～602	旋转	工作正常

以上检测表明,事故电梯轿顶检修装置的各开关,除上行开关外,其他开关导通性正常有效。被卡阻凹陷的上行开关经清理复位后,导通性正常有效。

(2) 顶层距离测量

经人工盘车把事故电梯的轿厢处在顶层端站平层,测量此时轿顶最高部件至井道顶最低部件的距离为 1 240 mm,由计算可知,事故发生时电梯轿顶最高部件至井道顶最低部件的距离为 210(1 240－1 030) mm。数据表明,电梯夹人后,轿厢并未冲顶,而是在一个阻力的作用下,被迫停止上行。

2. 通电检测

(1) 运行试验

① 通电后,事故电梯安全电路继电器未吸合,无法运行。

② 电梯制造单位调试人员查看电路图,发现门锁、极限开关等电气安全装置未接线,整个安全电路不导通,电梯不能启动。在此状态下把控制柜的门锁、上下极限开关和底坑电气安全开关等电气安全装置(除紧急停止开关外)的电路接线端人为短接,安全电路导通,安全电路继电器吸合,电梯能够启动运行,并且只能以检修速度运行。

③ 此时进行机房和轿顶紧急停止开关试验,均有效。

(2) 检修速度检测

检验员与电梯制造单位调试员共同对事故电梯的上行和下行检修速度进行了测量,结果为:检修上行速度为 0.33 m/s。

(3) 读取故障信号

① 电梯制造单位调试人员使用专用的电梯计算机主板信号读取仪器读取故障码,共 20 个(序号为 0～19)电梯故障码,故障码均为 9,楼层为 4,最新一个故障与最早一个故障

时间间隔为 16 min 左右。事故发生在顶层端站 8 楼,因为该台电梯有-1 楼,故障码应显示故障楼层为 9,而实际显示故障楼层为 4。调试人员解释为,该电梯尚未安装完毕,未进行自校核,不能识别出实际楼层,故显示的故障楼层数为随机数字。

② 根据当时的时间推算,最后一个故障时间是救援人员断开电梯电源的时间,与事故时间基本吻合。

③ 查阅故障码表,故障码 9 为变频器保护故障。由此可推断计算机主板在检测到这个故障后,使电梯停止运行。几十秒后,电梯再次运行,但电梯运行仍旧受到阻力,变频器保护再次起作用,计算机主板再次检测出故障,电梯再次停止运行。这种情况周而复始,直到断开电源。

9.1.4 事故原因分析

1. 直接原因

轿顶检修装置上下行开关按压后卡阻,不能弹起复位。在没有切断电动机电源的情况下,电梯上行直至受到受害人身体阻挡而停止。

2. 主要原因

① 事故电梯轿顶检修运行控制装置设计时考虑不周全。上行和下行开关外面有保护圈套,使开关操作时缩入其中,目的是避免操作者的身体或工具等不小心触碰到开关而造成误操作,没有考虑到工地灰尘细沙多,一旦飘落其中可能导致按钮卡阻。

② 电梯安装作业人员短接安全电路不当,于是埋下事故隐患。

9.1.5 防范措施

① 客观上,电梯安装从无到有,是个循序渐进的过程。尤其是工程前期许多安全装置尚未安装,安装过程具有较高的危险性,施工过程需要作业人员之间的相互配合,并且按照正确的操作规程去施工。

② 电梯公司应严格按照《特种设备安全监察条例》的要求对特种设备作业人员进行相应的培训,特种设备作业人员必须持证上岗,并定期进行作业人员技能培训和应急救援演习。

③ 相关单位应建立、健全各种规章制度和安全操作的规程,完善安全生产的长效管理机制,层层落实安全生产责任,不断加强安全生产教育,增强安全生产的主体责任意识,提高员工的安全防范意识。

9.2 一起电梯溜车事故的案例分析

电梯溜车现象在电梯的日常运行中时有发生,这里所说的"溜车"是指电梯在失去电力驱动和控制的情况下,由于轿厢与对重之间的质量差产生的位势能引起轿厢(或对重)上升或下降的现象。此现象非常危险,将给人身和设备安全构成严重威胁,轻则造成电梯冲顶、蹲底,重则引发重大伤亡事故,应当引起高度重视。北京市朝阳区某单位宿舍楼曾发生一起因电梯溜车致人伤残的事故,引起媒体和电梯界的极大关注。回顾和详细分析一下此案例,可以从中吸取一些教训,避免重复事故的发生。

9.2.1 事故的基本情况

时间是 2000 年 8 月 1 日上午 6:05,地点为北京市朝阳区某单位宿舍楼。设备概况:住宅电梯,设备原型号为 ZKJ1-771 型直流快速电梯(俗称小励磁),额定速度 $v=1.75$ m/s。1998 年 12 月 10 日电梯改造为 PLC 控制,调压调频调速(VVVF)。改造后的设备型号为 PLC-VVVF,梯速 $v=1.00$ m/s,载重量为 1 000 kg,15 层/15 站,提升高度为 43.24 m。本梯就是将原来由继电器控制的直流拖动改造为由 PLC 控制的交流调压调频拖动,速度有所降低,其他参数基本保留。受伤人 41 岁(女),残疾人(右腿残疾)。

9.2.2 事故经过

2000 年 8 月 1 日早晨,该宿舍楼 1 号电梯 8 层有呼梯信号,司梯工操作电梯从首层前往应答,电梯到达 8 层后,电梯自动开门,职工架拐进入电梯轿厢时,在电梯轿厅门并未完全关闭的情况下开始向上走梯,乘客摔倒,司梯工赶紧拉她未拉动,又立即按"急停"按钮和打开"检修"开关,这时乘客右残腿、左腿及铁拐均被卡在轿厢地坎与 8 层厅门上端钩子锁位置处(电梯也停在此处,轿厢地坎低于 9 层厅门地坎约 200 mm),造成右腿膝盖以下 50 mm 处离断。经多方抢救和手术,处置了离断的右腿,将左小腿皮肉缝合。

9.2.3 事故原因分析

1. 事故现场勘察情况

① 制动器两个制动闸瓦中,其中一侧闸瓦因机械卡阻张开而不能复位,另一侧闸瓦因带闸运行而磨出很多黑色粉末。

② 与制动器线圈并联的放电回路(此处用 R-D 组件)已完全脱焊,失去应有的作用。

③ 制动器线圈的控制回路中有一对电气接点(KMS 继电器)断线(脱焊)。

④ 制动器线圈在不通电(释闸)的情况下,通过人力手动方式往上盘车非常轻快。

⑤ 现场未见人为破坏,设备其他装置未见异常。

2. 询问有关人员和记录情况

① 询问当班司梯工(口述原话):按"急停""检修"均不起作用,电梯缓慢上行,没有电梯带电启动运行时的感觉和速度。

② 查阅事故电梯的运行记录(司梯工交接班记录)。

a. 7月29日记录:电梯有时能关梯,有时不能关梯,显示有时不正常。

b. 7月30日早、晚班记录,电梯有时往上窜出一块。

c. 事故梯的其他司梯工反映,事故前几天,电梯运行时常有不平层现象,有时停车时电梯还要"咯噔"两下。

③ 7月10日未见排除故障和周保养记录(7月10日前记录资料齐全),原因是维修工放长假。就是说从7月10日至8月1日事故发生时的20多天中无人进过机房,也未对电梯进行保养。

④ 电梯维修工中,只有一个曾经有过操作上岗证但也已过期失效,并未作复审。

3. 事故原因

(1) 直接原因

根据事故现场勘查、询问、查阅记录等原始材料所反映出的情况和事故现象,已经具备电梯溜车的特征。经专家组反复分析、研究后认定:该事故属于电梯溜车事故。

从理论上讲,产生电梯溜车的原因有两种。第一种溜车现象,是曳引轮绳槽严重磨损引起曳引机曳引力不足的溜车。绳轮槽严重磨损时绳槽能由V型变为U型,其后果是造成曳引力严重下降。然而,靠曳引力来拖动电梯负载的曳引机显然因为曳引条件失去平衡而发生电梯溜车。根据维修经验,这里归纳出以下几条绳槽磨损的原因:

① 一般曳引绳轮的材料为球墨铸铁,曳引绳轮球墨化不均匀或硬度偏低,很容易磨损。

② 钢丝绳材质不符合要求,电梯用钢丝绳应是外粗式的西鲁式,其油芯应该是能储油的天然材料(如麻芯),而市场上有些钢丝绳的油芯改用尼龙芯,因尼龙不吸油而产生干磨,加速其磨损。

③ 电梯运行时,由于在安装或更换钢丝绳时未能破劲,钢丝绳在绳槽中打滑或打滚。

④ 钢丝绳张力严重超差,超过互差5%的要求,造成几根钢丝绳的速度不一致,钢丝绳在绳槽中有相对滑动。

⑤ 由于在安装或更换钢丝绳时预留过长或经使用后的伸长造成缓冲距离偏小,轿厢运行到顶层时经常超出平层误差,对重可能接触或压缩缓冲器,使绳在绳槽中来回滑动。

⑥ 绳轮使用日久,自然磨损达到严重程度,未换(或车)绳轮。

本事故不符合此种溜车条件,因为经过检查,事故梯的钢丝绳和绳槽均属正常,不存在曳引力下降的问题。

第二种溜车现象,是制动器制动力不足引起的溜车。经过分析,此次事故完全符合第二种溜车所具备的条件,具体原因是(充要条件):

① 曳引电动机脱离供电电源,不属于电力驱动。

本事故从司梯工按"急停""检修",厅轿门开着走车和当班司梯工的口述,可以排除电力驱动的可能。

② 制动器的制动力达不到规定要求,即制动力不足。

本事故从现场勘察的情况知道,其中一侧闸瓦被机械卡阻,另一侧闸皮被磨损造成间隙加大,人力盘车轻快等因素可以证明制动器的制动力严重不足。

③ 电梯属于位势能负载,轿厢与对重存在较大的质量差,从而两者产生质量的不平衡。

本事故电梯当时轿厢内只有司梯工和伤者2人,对重明显重于轿厢,轿厢属于轻载,事故时轿厢往上去是符合逻辑的。

④ 蜗轮减速箱的蜗轮副具有非自锁性质。

本事故电梯的蜗轮减速机速度比为65∶2,是双头蜗杆,处于半自锁状态。当制动力不足时,外界对电梯(一般是在轿厢内)产生一个扰动时就可以破坏当时的临界平衡状态,从而引发电梯溜车。本案例是残疾人架拐,首先一只脚点地进入轿厢时有一个质量冲击产生的扰动,另一条腿在来不及收腿的情况下致使被卡。综上所述,制动器制动力严重不足是造成此次事故的直接原因。

(2) 间接原因

① 电梯管理上的问题。

a. 管理制度不健全,甚至没有维修保养方面的管理制度,司梯工、维修人员无证上岗操作。

b. 电梯维修保养不到位,责任心不强,司梯工多次反映电梯有故障而未引起重视,电梯长期带故障运行。

c. 维修人员技术素质差,制动器闸瓦卡阻、闸皮磨蹭制动轮发出异味均未能处理。

d. 管理失职:维修工从7月10日起脱岗(放假),20余天无人进入机房,电梯处于失养失修状态。

② 安全回路继电器的问题。

a. 选型不对,GB 7588—1995明确规定应选用继电接触器,而此处选用微型继电器。

b. 一对电接点断线使一侧闸瓦不能打开,造成闸皮磨损,间隙加大。

9.2.4 今后的整改措施

1. 电梯管理方面

① 管理应到位,责任应明确,制度应齐全。

② 加强电梯的日常巡视和认真执行电梯的"三定"保养,即定人、定时、定保养项目的周保养制度。

③ 严禁电梯带故障运行。

④ 维修单位应具有有效的资质证书,司梯工、维修人员应持证上岗操作。

⑤ 定期进行技术培训和安全教育,使维修人员必须熟悉所管电梯的图纸和性能参数、安全装置。

⑥ 完善各种现场资料,尤其是三种记录:运行记录、报修记录和保养记录。

2. 维修保养应注意的问题

一般而言,电梯出现故障导致事故的几率还是比较低的,唯有电梯溜车导致危险后果的几率为100%。因此,必须通过加强电梯的检查、润滑、调整、维保和修理等环节避免溜车现象的发生,而其中最关键的因素是制动器的日常巡检、润滑、调整、修理等环节。

① 检查制动器运转是否正常,有无卡阻、撞击现象,各调整螺母、锁母是否转动,销轴部分每星期应用30#机油润滑一次,制动轮和闸皮表面不能有油污以保持其制动时的制动力。

② 确保制动器弹簧完好,作用力适度,制动臂开闭自如,制动可靠。

③ 正确调整闸皮与制动轮的开闸间隙不大于0.7 mm,释闸时制动轮与闸皮的接触面不低于80%。严禁以调小制动器的制动力来满足电梯运行舒适感的要求。

④ 制动线圈温升必须控制在其规定的绝缘等级范围之内(一般情况下制动器线圈的绝缘等级为A级即可满足,根据GB 7588规定:A级绝缘的温升规定为60 K,其绕组允许的稳定温度为100 ℃),接线应牢固无松动,绝缘良好,线圈的维持电压不应低于其额定电压的80%。

⑤ 闸皮的固定铆钉沉入闸皮的深度不应小于3 mm,闸皮的磨损量超过1/4厚度或铆钉头有露头迹象时应更换。

⑥ 电磁铁的动铁芯在铜套内的动作应灵活,必要时可用石墨粉进行润滑,禁止用机油或黄油当润滑剂。

⑦ 制动器线圈的电气控制回路接线应正确,其电气元件选择应符合GB 7588—1995中第12.4.2.3.1条规定。

⑧ 检查制动器线圈的放电回路(R-D组件),使之保持有效、接触良好。因为制动器在电梯运行中动作频繁,若R-D组件断线或脱落而失去作用,会使线圈在释闸瞬间产生

极高的反电势,不能释放而极易造成线圈的绝缘击穿(或使电气接点烧糊、粘连),造成制动器功能失效,引发事故。

⑨ 根据 GB 7588—1995 中第 12.4.2.1 条规定,制动器应保证轿厢在 125% 的额定载荷并以额定速度运行时,才能使曳引机停止运行。

9.3 由一例超重装修轿厢案例引发的思考

2008 年 6 月,某市质监局查封了一台因装饰豪华造成超载运行而存在重大安全隐患的电梯。从技术角度搞清楚什么是超重装修,什么是平衡系数的安全范围很有必要。也就是要有一个定量概念,以帮助制造企业认清问题的本质,避免重蹈覆辙。

电梯轿厢装饰是否超重,在国家有关标准、法规中并没有明确界限,甚至可以说没有限制。因为在轿厢装饰中,只要保持电梯设计中的平衡系数不变,轿厢装饰后加重了多少都不会对原有的传动产生不良的影响,相反还可能对曳引条件的稳定有帮助。但如果轿厢重量加重了,而对重侧并未相应加重即改变了原设计的平衡系数,那情况就不一样了。

至于平衡系数的安全范围问题在国家有关标准、法规中也并无规定。GB/T 10058 中推荐的 0.4～0.5 是平衡系数的一个合理范围,而非安全范围,并非小于 0.4 或大于 0.5 就是不安全的,应区分合理和安全的概念定义。一般可以认为合理的一定安全,而安全的不一定合理。

为了能更好地说明上述几个问题,现作如下定量分析。

9.3.1 在保持原平衡系数不变的情况下轿厢装潢加重后可能产生的影响

1. 对传动力的影响

传动力是由曳引机的传动电动机提供的。若设传动力为 P,平衡系数为 K,额定载重量为 Q,则 $P=(1-K)Q$(其他影响因素如效率及安全余量均未考虑),说明传功力与轿厢重量无关。

2. 对曳引条件计算的影响

曳引条件为 $T_1/T_2 < e^{f\alpha}$。若设 $G_{轿}$ 为轿厢自重,K、Q 同上,则在装载工况时 $T_1=G_{轿}+1.25Q$,$T_2=G_{轿}+KQ$,则 $(G_{轿}+1.25Q)/(G_{轿}+KQ) < e^{f\alpha}$。

分析上式可知,当 $G_{轿}$ 加重时,更能保证 $(G_{轿}+1.25Q)/(G_{轿}+KQ) < e^{f\alpha}$ 的条件,这是很有利的。

3. 对安全钳、缓冲器可能的影响

安全钳和缓冲器是很重要的安全部件,选用时必须依据其所对应吸收的运动能量。

特别是安全钳,当轿厢加重后如其运动能量超过其承受能力的话,就有可能会在紧急状态下安全钳失效而发生重大安全事故。因此,轿厢加重后虽然平衡系数不变,也必须核对安全钳、缓冲器的承受能力,以免留下安全隐患。

9.3.2 轿厢加重后对重侧并未相应加重时可能产生的影响

1. 改变了原设计中的平衡系数

如原设计中的平衡系数为 K,A 为轿厢相对于额定载重量 Q 的加重系数,即轿厢加重重量为 AQ。K' 为改变后的平衡系数,则 $K'=1-K-A$,若 $K=0.5$、$A=0.5$,则 $K'=0$。

2. 平衡系数改变后对传动力的影响

当平衡系数因轿厢加重后由 K 变为 K' 时,其传动力 $P=(1-K')Q=(K+A)Q$。当 $K=0.5$、$A=0.5$ 时,$P=Q$。

前面所述的那台超重装饰的电梯,轿厢装饰所使用的非钢化玻璃的重量竟超过电梯额定载重量的一半。如果将此非钢化玻璃的重量当作轿厢装饰后增加的重量的话,平衡系数 $K=0.5$,则装饰后的平衡系数为 0,也就是说装饰后的电梯提升力要比原设计大一倍才行,这显然是不行的。除非在原设计中的传动电动机有十分足够的余量。但纵使如此,在较长时间内满负载连续运行时,电动机包括变频器极有可能被烧毁。

3. 平衡系数改变后对曳引条件计算的影响

如设定原设计中的轿厢重量为 $G_{轿}$,轿厢装饰后的重量为 $G_{饰}$,则 $G_{饰}>G_{轿}$。在最初的设计中由 $(G_{轿}+1.25Q)/(G_{轿}+KQ)<e^{f\alpha}$ 保证曳引传动不会溜车(钢丝绳不会打滑),但轿厢装饰后有可能使 $(G_{饰}+1.25Q)/(G_{饰}+KQ)>e^{f\alpha}$,从而破坏曳引条件,这是万万不行的。但如果使其仍能保证曳引条件,就必须使 $(G_{饰}+1.25Q)/(G_{饰}+KQ)<e^{f\alpha}$。在此条件满足时,可求得最大的允许轿厢装饰后的重量 $G_{饰}$。若令 $G_{超}$ 为轿厢装饰后超出的重量,如果 $G_{超}>G_{饰}-G_{轿}$ 就会破坏曳引条件。因此,只要 $G_{超}<G_{饰}-G_{轿}$ 就不能认为是超重装饰,$G_{超}<G_{饰}-G_{轿}$ 可以作为是否超重装饰的判定式。按照 $(G_{饰}+1.25Q)/(G_{饰}+KQ)<e^{f\alpha}$ 这个条件,可求得 $G_{饰}<(G_{轿}+KQ)e^{f\alpha}-1.25Q$,故 $G_{超}<(e^{f\alpha}-1)G_{轿}+(Ke^{f\alpha}-1.25)Q$ 可作为轿厢装饰超重的判定式。

当 $e^{f\alpha}=0.7$、$K=0.5$、$G_{轿}=Q=1\ 000$ kg 时,若 $G_{超}<300$ kg,仍不会破坏曳引传动,这是从装载工况的曳引条件定量分析后得出的结果。而前面所述的超重装饰的轿厢超重 500 kg,若其 $e^{f\alpha}$、K、$G_{轿}$、Q 均与上述给定数据相符的话,肯定在装载工况下的曳引试验中通不过。即使是在满载工况下作曳引试验也极为勉强,稍有冲击即会打滑,这是很危险的。

9.3.3 平衡系数是否有安全范围的问题

按 GB/T 10058 推荐的平衡系数 0.4～0.5 是一个合理范围,但并不是小于 0.4 或大于 0.5 就是不安全的,从传动力的角度取 0.4 或取 0.6 的平衡系数是完全一样的。在一定的 $e^{f\alpha}$ 条件下,当平衡系数取 0.6 时是很安全的,但取 0.4 时就很不安全了。在此情况下,只要增大轿厢自重也是很安全的,即使平衡系数为 0(即轿厢自重与对重重量相等)。但在轿厢自重是额定载重量的 2 倍时,在装载工况下也是极为安全的。平衡系数为多少与安全与否无直接关系。但应该肯定 0.4～0.5 是非常合理的范围,离开了这个范围,就会使电梯设计在某些方面不合理。

通过以上一些定性、定量的分析,不难发现以下问题:

此台超重装饰的电梯是比较离谱的,轿厢装饰加重后并未在对重相应增加同等重量,改变了原设计的平衡系数,使电梯所需的传动力成倍增大致使传动电动机无力传动。此外又使曳引条件大大恶化,破坏了曳引条件,使曳引传动非常困难或成为不可能。因此查封是完全正确的。从定量分析的一些数据来看,这台电梯并非只是存在重大安全隐患的电梯,而是根本不能运行的电梯,因此最值得引人思考的是存在重大安全隐患不在电梯本身而在于存在的社会安全隐患。

如果超重豪华装饰是酒店自主而且是在制造单位毫不知情的情况下进行的,其责任由酒店完全负责,负责装修(实际上是改造)的单位也是责无旁贷的,其资质也必须重新审定。而对非电梯专业有关人员或单位参与的电梯改造或装饰必须坚决取缔,否则后患无穷。

思考题

1. 电梯装修事故给你什么启示?
2. 通过电梯案例谈谈你对电梯维保人员专业培训重要性的认识。假如你是一名电梯从业者,电梯安全事故给了你怎样的体会和认识,你又该如何去从事这个行业的工作?
3. 假如你是一位乘客,遇到电梯故障后被关在了电梯轿厢里,你会如何应对这种情况?假如你是一名电梯专业营救人员,遇到这种情况,你该采取怎样的施救措施?